春天的芽梢

茶叶采摘

轻修剪后的茶树

重修剪的茶树

台刈后抽生的新枝

大棚茶园

2

茶园覆盖

茶园铺草

茶园间作绿肥

3

# 生态茶园

浙江乐清
雁荡山生
态茶园

福建武夷山生态茶园

武夷山肉桂
品种茶园

福建安溪
生态茶园

浙江开化
生态茶园

广东潮安
生态茶园

5

云南峨山
生态茶园

浙江武义
生态茶园

浙江余杭
生态茶园

6

军天湖茶厂

杀青车间

揉捻与理
条车间

7

竹箩装茶

用竹匾摊放鲜叶

用篾帘摊放鲜叶

8

杀 青

煇 锅

筛分机

9

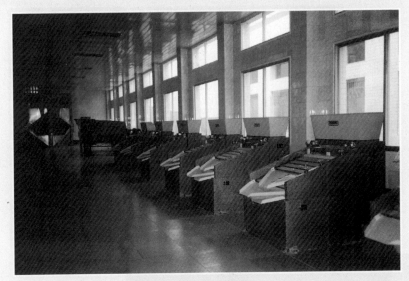

拣　梗　机

乌龙茶手工拣梗

红　茶
（云南金毫）

黄　茶
（四川蒙顶黄芽）

普洱茶
（云南沱茶）

11

绿　茶
（西湖龙井茶）

绿　茶
（毛　峰）

白　茶
（福建白牡丹）

12

# 无公害茶的栽培与加工

主　编

俞永明

编著者

陈宗懋　吴　洵　俞永明

金盾出版社

# 内 容 提 要

本书由中国农科院茶叶研究所的专家编著。本书与《无公害茶园农药安全使用技术》是姊妹篇。主要介绍了无公害茶的概念和发展意义,茶叶生产中的污染,无公害茶园的种植与管理技术,无公害茶的加工技术,无公害茶的包装及贮运,无公害茶的产品质量标准和无公害茶的认证与管理。内容丰富,科学实用,文字通俗易懂,对无公害茶叶生产有重要指导作用。可供广大茶农学习运用,也可供茶叶科技人员和管理人员阅读参考。

**图书在版编目(CIP)数据**

无公害茶的栽培与加工/俞永明主编.—北京:金盾出版社,2002.3
ISBN 978-7-5082-1799-4

Ⅰ.无… Ⅱ.俞… Ⅲ.①茶叶-栽培-无污染技术②茶叶加工-无污染技术 Ⅳ.①S571.1②TS272

中国版本图书馆 CIP 数据核字(2002)第 005851 号

**金盾出版社出版、总发行**

北京太平路 5 号(地铁万寿路站往南)
邮政编码:100036 电话:68214039 83219215
传真:68276683 网址:www.jdcbs.cn
彩色印刷:北京印刷一厂
黑白印刷:北京军迪印刷有限责任公司
装订:北京军迪印刷有限责任公司
**各地新华书店经销**
开本:787×1092 1/32 印张:7.625 彩页:12 字数:161 千字
2011 年 6 月第 1 版第 6 次印刷
印数:36001—41000 册 定价:16.00 元

(凡购买金盾出版社的图书,如有缺页、
倒页、脱页者,本社发行部负责调换)

# 目　录

# 第一章　无公害茶的概念和发展意义

随着人们经济水平的提高和环境质量意识的增强,对食品的要求也发生了明显的变化,从单纯追求品味、营养发展到关注食品的安全质量和对身体的调节功能,开始从温饱型食品向纯天然、富营养和有益于健康的高品位食品方向发展。无公害茶便是在这样的背景和市场需求下于 20 世纪 80 年代末诞生和发展的,以适应国内外市场的需要。在新世纪之初,我国农业部进一步将无公害茶的生产定位为政府行为,并将在近期内成为市场的准入标准。因此,无公害茶叶的生产已成为我国新世纪茶叶生产的一项目标。

## 一、无公害茶生产的背景

20 世纪科学技术的发展,为人类社会带来了繁荣和现代化,但另一方面也带来了新的挑战,特别是人口压力、土地短缺、生态环境恶化和能源匮乏等四个方面,已成为现代社会公认的隐患。人们在新世纪中已认识到将更加注意经济、社会、生态、环境和科技的协调发展。农业生产的兴衰直接影响着人类的发展和社会的稳定。20 世纪 50 年代以来,世界科技的迅猛发展,工业对农业的支持和投入,特别是化肥、化学农药和机械在农业生产中的广泛应用,使得世界农业有了迅速的发展,粮食和其他农产品的产量和质量有了明显的提高,对保障人类的生活需要和社会稳定起到重要的作用。茶叶生产也呈现同样的趋势,半个世纪以来,世界茶叶产量增加了 3.5 倍,我国增加了近10倍(表1-1)。目前全世界有30亿人饮茶,日均饮茶达30亿杯,茶叶年产值约210亿美元。在我国有6亿人喝茶,茶叶年产值近100亿元人民币,加上相关产业的产值,估计有180亿元,有8 000万茶农从事茶叶生产。以上数字说明,无论从世界范围或我国范围来看,茶叶已经成为一项具有一定规模的产业。但另一方面,由于化肥、农药的大量使用,造成了自然资源和环境的恶化以及食品的污染。这些负面效应促使人类认识到农业要发展,必须寻求一种既能满足人类基本需求,又能最大限度地减少对环境和食品污染的农业发展方式,也就是一种农业可持续发展的环保型农业发展方式。在这种思想的指导下,世界各国科学家从农业可持续发展的前提出发,探索了诸如生态农业、绿色农业、有机农业等农业发展方式。

表1-1  世界和我国茶叶生产的发展状况

| 年　份 | 茶叶生产量　(万吨) | |
|---|---|---|
| | 世界总计 | 中　国 |
| 1950 | 64.1 | 6.2 |
| 1960 | 93.3 | 13.6 |
| 1970 | 125.1 | 13.6 |
| 1980 | 184.8 | 30.3 |
| 1990 | 253.8 | 54.0 |
| 1995 | 252.2 | 58.8 |
| 2000 | 288.6(估计数) | 67.6 |

以上几种农业发展方式虽然都强调资源、环境、效益相结合,并且不只注重产品的数量和质量、经济效益,还重视生态、

环境和资源的保护和持续发展,但在具体内容上仍有不同之处。生态农业是 20 世纪 80 年代美国最早提出的。它的定义是"在尽量减少人工管理的条件下进行农业生产,保护土壤肥力和生物种群的多样化,控制土壤侵蚀,少用或不用化肥和农药,减少环境压力,实现持久性发展"。可见,生态农业是模拟自然生态系统,可以使用化肥和农药,但强调化学物质的低投入原则,把维持和保证资源环境的持续性放在首位。绿色食品(绿色农业)是我国在 20 世纪 80 年代末提出的。它除了强调食品的无公害和无污染外,还强调"安全和营养"双重质量保证。它的基本特征是在有良好生态环境的原料产地上,强调产品出自"最佳生态环境",并按照规定的技术操作规程,允许在一定限度下使用化肥和农药。有机农业则早在 20 世纪 20 年代即已提出,但在 70 年代才有迅速发展。其基本特征是一种对生产环境和过程要求非常严格的持续农业生产,生产过程中禁止使用一切人工合成的肥料、农药、生长调节剂,按照有机食品的加工、包装、贮藏、运输标准进行全程质量控制和跟踪审查,并经有关机构颁证。此外,有机食品还包括采用有机方式采集的野生天然产品。

## 二、无公害茶的含义

无公害茶是指这种茶叶产品中没有公害污染物(包括农药残留物、重金属、有害微生物等)或公害污染物被控制在有关最大允许残留限量标准(MRL)以下。无公害茶叶是上述茶叶的总称,其基本要求是安全、卫生,对消费者的身心健康无危害。它包括了当今在我国出现的低残留茶、绿色食品(茶)和有机茶等几类名称。实际上,这几种茶都属于无公害茶的范畴,但由于依据的标准不同,其要求也不一样。现将上述茶叶名称简介如下。

## (一)生产、加工依据的标准

有机茶的生产、加工是根据国际有机农业运动联合会(IFOAM)的《有机生产和加工基本标准》进行生产加工的,产品面向国内外市场。目前已有浙江省地方标准《有机茶》(DB33/T266.1—4—2000)。此外,国家质量技术监督局正在制订国家标准《有机茶》。

绿色食品(茶)是根据我国农业部对绿色食品生产、加工标准进行生产加工的。农业部绿色食品办公室于1995年提出绿色食品茶叶的行业标准,编号为NY/T288—95。经过几年的实践,最近拟将原标准进行适当修改,重新颁发行业标准。绿色食品(茶)的产品主要面向国内市场。近年又分A级和AA级两种,AA级标准与有机茶标准相似。

低残留茶是浙江省根据欧盟对进口茶提出的农药最大残留限量标准而于1999年提出的,但并无专门的实施标准。此后,浙江省根据形势发展又制订出《无公害茶叶系列标准》(DB33/T290.1—3—2000)的地方标准,目前正在组织实施。

## (二)生产、加工过程中的标准要求

有机茶的生产过程中,禁止使用人工合成的化肥、农药、生长调节剂、添加剂等和转基因技术,只允许使用有机肥料、生物农药。我国绿色食品(茶)AA级的生产加工标准要求与有机茶基本一致。而A级茶和低残留茶的生产过程中,则允许使用高效低毒的化学农药,也允许使用少量化肥,但产品中的农药残留必须符合我国和欧盟规定的茶叶中农药最大残留限量标准。

### （三）管理方式

有机茶的颁证由国家环保总局有机食品发展中心（OFDC）及有机茶开发分中心（杭州中国农业科学院茶叶研究所有机茶发展中心）、德国有机食品认证中心（BCS）在中国的代理单位（湖南长沙）、瑞士生态农业研究所（IMO）在中国的代理单位（江苏南京）、欧盟 ECOCERT 在中国的代理单位（北京）以及美国有机作物改良协会（OCIA）在中国的代理单位（北京）等单位认定颁发。颁证的有效期为 1 年。绿色食品（茶）的颁证由我国农业部所属《中国绿色食品发展中心》和各省绿色食品管理办公室对产地和产品进行检测认证。证书有效期为 3 年。低残留茶目前尚无管理系统和颁证制度。

必须说明的是，目前农业部作为政府行为提出将无公害茶作为我国茶叶生产的最低标准，亦即作为市场的准入标准，但这个无公害茶实际上相当于上面提到的绿色食品（茶）A 级和低残留茶，它与有机茶以及绿色食品（茶）AA 级有所不同。

下图是有机茶、绿色食品（茶）、低残留茶之间的关系。

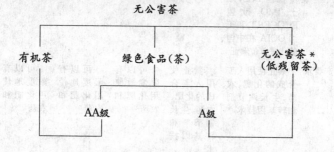

＊"无公害茶"是农业部提出的最低标准的茶叶产品

表 1-2 是有机茶、绿色食品（茶）、无公害茶（低残留茶）的区别。

## 表 1-2 有机茶、绿色食品(茶)、无公害茶和低残留茶的区别

| 项 目 | 有机茶 | 绿色食品(茶) AA 级 | 绿色食品(茶) A 级 | 无公害茶* | 低残留茶 |
|---|---|---|---|---|---|
| 依据的标准 | 国际 IFOAM 的《有机生产和加工基本标准》以及国内有关《有机茶》的标准 | 参照国内有关《有机茶》的标准 | 参照中国绿色食品发展中心制订的生产绿色食品的有关使用准则和国内有关无公害茶叶的标准 | 参照中国绿色食品发展中心制订的生产绿色食品的有关使用准则和国内有关无公害茶叶的标准 | 尚无专门标准,可参照浙江省地方标准《无公害茶叶系列标准》 |
| 管理体系 | 国内由国家环保总局有机食品发展中心(OFDC)及有机茶开发分中心(杭州中国农业科学院茶叶研究所有机茶发展中心)颁证,国际上由德国 BCS,瑞士 IMO,欧盟 ECOCERT 和美国 OCIA 在中国的代理单位颁证 | 我国农业部绿色食品发展中心和各省绿色食品管理办公室进行监测和认证 | 我国农业部绿色食品发展中心和各省绿色食品管理办公室进行监测和认证 | 目前尚无专门管理系统和颁证制度 | 目前尚无专门管理系统和颁证制度 |
| 生产要求 | 禁止使用人工合成的化肥、农药、生长调节剂和转基因技术 | 禁止使用人工合成的化肥、农药、生长调节剂和转基因技术 | 可以有限度地使用化肥和农药 | 可以有限度地使用化肥和农药 | 可以有限度地使用化肥和农药 |
| 颁证有效期 | 1 年 | 3 年 | 3 年 | 尚未实行颁证制度 | 尚未实行颁证制度 |

\* 此处的无公害茶,系指农业部提出我国茶叶生产最低标准的茶叶产品

# 三、发展无公害茶的意义

从保护生态环境,持续发展茶业生产的角度出发,发展无公害茶叶生产具有重要的意义。

## (一)符合我国基本国策

实现可持续发展是我国政府的一项基本国策。可持续发展是以控制人口、节约资源、保护环境和提高人民生活水平和生活质量为重要条件的。无公害食品(包括茶叶)生产将为社会提供高品质的健康食品,同时也保护了环境,有利于人民生活水平和生活质量的提高。

## (二)以积极的姿态迎接入世后的挑战

我国已经加入世界贸易组织(WTO),这为我国的经济发展带来新的机遇,但也带来了新的挑战。当前欧盟在茶叶进口中所制订的农药最大残留限量标准,实际上是针对我国茶叶出口设置的一项技术壁垒。从2000年7月1日起实行的新标准来看,与2000年7月1日前的标准相比,检验农药的种类有明显扩大,而且限量标准也大幅度降低,要求更加严格。这就为我国茶叶出口带来很大的压力。从2000年7月1日实施新标准前后茶叶中农药残留的检测结果来看,出口茶叶中的化学农药平均有60%左右超标。目前虽然已有大幅度下降,但仍存在较大的压力,是当前茶叶出口的一个瓶颈。无公害茶叶生产的中心内容是减少化学农药的用量,这就从源头上减少了茶叶中农药残留的来源。因此,无公害茶叶生产从当前来讲也是一项刻不容缓的任务。

### (三)满足消费者对茶叶质量的新要求

随着经济的发展、人民生活水平的提高,消费者对食品的要求已从数量型转为质量型,已从单纯追求营养、风味向营养、风味、安全、健康的高质量食品方向发展。茶叶是一种有益于健康的饮品,因此在安全质量的要求上就更为严格。近两年来,在农药残留、重金属含量上出现的问题曾一度引起社会各界的关注。无公害茶叶生产的提出,反映了广大消费者的要求,也将为社会提供更多内质好、无公害的安全优质茶叶产品。

### (四)有利于增强商品竞争力和增加茶农收入

茶叶目前不是一种紧缺商品,是一种产大于需的商品。因此,质量的提高对进一步提高茶叶的经济效益是至关重要的。无公害茶叶生产将会从整体上提高我国的茶叶品质,也为改变我国茶叶出口价格低迷的状况提供了条件。无公害茶叶的生产无论从国内市场还是从国际市场来讲,都将提高商品的竞争力,从而使茶农的收入随之提高。

# 第二章　茶叶生产中的污染

茶叶是中国人民生活中的一种必需饮品,以其独特的色、香、味而受到消费者的青睐。一杯好茶不仅可以解渴、提神,还具有抗氧化、防龋、降压、降血脂、灭菌等多种保健和预防疾病的功效。因此,优质和卫生的茶叶产品是决定茶叶商品价值高低和保证消费者身体健康的重要因素。茶叶本身是没有公害的,它含有许多对人体有益的化学组分,但由于现代工业"三废"的大量出现,农用化肥、农药的频繁使用,引起了农业环境的污染,也引起了生态系种群的不平衡。生长在这种污染环境中的茶树和由这些茶树采摘加工出来的茶叶产品,就会出现不同程度的污染和公害。茶叶中的污染主要来自化学农药、肥料和环境污染。

# 一、化学农药的作用和对茶叶的污染

## (一)化学农药在茶叶生产中的作用

茶树分布在我国的亚热带和暖温带地区,病虫种类繁多,茶叶生产对化学农药的依赖性越来越大。据统计,我国茶叶生产中因为发生病、虫、草害而造成的减产数量达到 10%~15%。在这些病、虫、草害的综合治理中,虽然农业防治、生物防治发挥着重要的作用,但化学农药的使用仍然是必不可少的防治手段。一般来说,每使用价值 1 元的化学农药,能使茶叶生产产值增加 10~20 元。目前世界上农药品种有 500 多种,我国有 150 多种,在茶叶生产上应用的有 50 多种。这些农药对不同病、虫、草害具有明显的防治效果。如各种拟除虫菊酯类农药对茶园各种鳞翅目食叶类害虫有良好防效,乐果、吡虫啉对茶园小绿叶蝉有明显的防治效果,马拉硫磷对茶园多种蚧类有很高的防效,克螨特和四螨嗪对茶园中几种害螨既具有杀成螨、若螨和幼螨的效果,同时还具有杀螨卵的效果。十三吗啉和比锈灵对茶饼病具有预防和治疗的效果。甲基托布津、百菌清等杀菌剂对茶树多种叶病也具有明显的防治效果。草甘膦和百草枯是茶园中常见杂草的有效除草剂。随着科学技术的进步,目前农药的生物活性有明显提高,每 667 平方米(1 亩,下同)农药有效成分的使用量,从 20 世纪 50 年代的几百克降低到不足 1 克。许多高活性的杀虫、杀菌和除草剂相继开发问世，不同生物活性机理的农药，如昆虫生长调节剂（抑太保、农梦特、氟虫脲等）、治疗性杀菌剂（丙环唑、肟菌酯等）的问世，使得化学防治的效果和安全性有更大的提高。微生物源农药（Bt 制剂、白僵菌制剂、昆虫核型多角体病毒制剂等）则更回避了无机化学物质。虽然农药的使用对茶叶生产具有重要的作用，但是它对茶叶带来的副作用和污染也是不容忽视的。

## （二）化学农药对人类带来的副作用

化学农药虽能防治病、虫、草害，保障茶叶生产的优质丰产，但它也具有一些副作用和负面效应。这主要表现在如下几个方面。

### 1. 对天敌和有益生物的杀伤作用

农药是一类有毒性的化合物，它不仅对有害生物有毒杀作用，同样对各种害虫天敌等有益生物也具有不同程度的毒性。有时甚至可能对天敌的杀伤力大于有害生物。如果某一种农药对天敌的杀伤力过强时，便会引起有害生物种群和有益生物种群间的不平衡。因此，在选用茶园中的农药时必须考虑到对天敌的杀伤力程度。

除了害虫天敌外，对茶园中的一些有益生物如蜜蜂、蚯蚓、鸟类、家蚕的毒性问题也必须引起重视。如蜜蜂对农作物授粉有重要作用，用有机磷农药和拟除虫菊酯类农药时，使用不当会使蜜蜂大量中毒死亡，使用时应注意避免与蜂群接触。蚯蚓具有提高土壤肥力和改善土壤结构的作用，茶园用药时应尽量减少农药从茶树叶面流失到土壤中，农药使用过量，特别是使用技术不当，会使大量农药没有到达目标生物，而流失到土壤中，造成大量蚯蚓被杀灭。因此，改进化学农药使用技术不仅可以减少单位面积农药用量、降低防治成本，而且可以起到保护土壤中有益生物的作用。家蚕是我国重要的经济动物，我国茶区和蚕区往往混杂交错，因此使用化学农药时注意不要使农药飘移到桑园中，微量的农药飘移到桑叶上也会使家蚕中毒死亡。在绿色食品（茶）和有机茶生产中，往往推广使用微生物农药，如苏云金杆菌制剂、白僵菌制剂等。这些微生物农药对家蚕也具有高毒。因此，在附近有桑园的茶园中，要避免使用这类微生物农药，以免引起家蚕中毒。

### 2. 引起有害生物种群的再猖獗

正是由于化学农药对有益生物种群的杀伤作用，引起了茶园生态系中种群间的不平衡现象。由于一些有益生物种群对农药表现得更为敏感，往往受农药的影响会比有害生物种群更大。所以在农药使用不当的情况下，常会出现有害生物种群的再猖獗现象。20世纪50年代以来，在我国茶叶生产中曾出现3次明显的有害生物种群演替和再猖獗现象。第一次是60年代初茶树蚧类在我国广大茶区的猖獗发生，这和50年代我国茶叶生产上大量使用滴滴涕、六六六等高残留农药有关。因为这些农药对蚧类天敌的杀伤力极强。第二次是70年代起茶叶螨类在我国茶区的猖獗发生，其原因是和60年代有机磷农药的普遍使用有关。因为有机磷农药对各种螨类一般只有杀伤成螨和若螨的效果，而对卵无杀伤作用；另一方面有机磷农药对天敌有强杀伤作用，因此在有机磷农药使用若干年后便出现了茶叶螨类的猖獗。第三次是80年代后期到90年代黑刺粉虱在茶园中的猖獗发生。这种现象据分析与拟除虫菊酯类农药的过量使用有关。除此之外，在茶叶中往往有某些鳞翅目食叶幼虫（茶尺蠖、茶毛虫等）在经过一定周期后会出现一次暴发性为害，这一方面和生态环境对种群生长和发育的影响有关,另一方面也与化学农药使用不适当引起有益生物种群数量减少有关。

### 3. 造成茶叶中农药残留

茶园中使用化学农药后,在自然条件的影响下,叶面上的农药会逐渐降解,但仍有部分农药在茶树芽叶上残留。如果生产中没有按照规定的安全间隔期进行采摘,采下的芽叶将会含有较高的残留农药。如果茶叶中的残留农药低于制订的茶叶中最大残留限量标准,一般长期食用也不至于对人体健康有影响。但如果茶叶中残留农药超过了最大残留限量标准时,长期食用就会对人体健康产生有害作用。蔬菜上由于使用高毒农药,致使食用后引起消费者中毒的事例屡有报道。茶叶是一种饮用品,芽叶从茶树上采下后不经洗涤,直接进行加工,饮用时热水浸泡,因此,茶叶中农药残留问题至关重要。为保障消费者饮茶的安全和茶叶的卫生质量,应从农业生产的源头做起,安全合理使用农药,使得茶叶中的化学农药残留量降低到最小限度。

### 4. 引起有害生物对农药的抗性

任何生物对周围环境都表现出一定的适应性。化学农药的使用也同样会引起有害生物产生对农药的抗性。在茶叶生产实践中,在连续使用同一种农药,尤其是任意提高农药的使用剂量时,在使用数年后,就会出现防治效果下降,这就是抗药性现象的出现。特别是一些每年发生代数多的有害生物种群(如茶叶螨类、蚧类、小绿叶蝉、蓟马等),这种抗药性现象更易出现。

### 5. 造成对环境的污染

在农业生产上施用化学农药时,部分农药到达目标位置,但也有部分农药流失或飘移到土壤、地下水或空气中,造成环境的污染。这种对环境的污染直接或间接构成对人体健康的危害。

## 二、化肥的作用和对茶叶的污染

### (一)化肥在茶叶生产中的作用

肥料是茶树高产优质的物质基础。我国传统农业以施用有机肥为主,但有机肥养分含量偏低,而且释放速度较慢,有机肥的制备基本依靠人力,因此随着现代科学技术的发展,化肥的施用占有重要位置。化肥的施用对提高茶树的产量和品质有明显效果。新中国成立以来,特别是1977年以后,我国化肥生产量有大幅度增长。以吨量计,1998年氮肥产量(按纯量计算)2 233万吨,磷肥684万吨,钾肥345万吨。据联合国粮农组织1995年对世界上4个主要产茶国(印度、斯里兰卡、肯尼亚、中国)的调查结果表明,施肥在茶叶生产中的贡献率为41%。据估计,增施化肥对茶叶生产的增产作用可占40%～50%。因为茶树的收获物是新发的芽梢,因此氮素营养的作用尤为明显。为获取高产,各产茶国都在茶园中施用大量化肥(表2-1)。一般每公顷茶园中施入100～300千克纯氮,日本的施氮肥量最高,每公顷施入氮素800～1 000千克。但实践证明,如此高的氮肥用量的经济效益很低。据调查表明,施入的氮素只有22%左右被茶树吸收,60%滞留在土壤中,18%被淋溶到水系中。因此,施用氮肥对产量有增产作用,但应强调适量用肥,过高的用量除了效益不高外,还会带来许多负面效应。

表 2-1　主要产茶国茶园氮肥施用量

| 国家和地区 | 氮素施用量(千克氮/公顷·年) |
| --- | --- |
| 印　度 | 100～200 |
| 斯里兰卡 | 120～300 |
| 马拉维 | 180～300 |
| 肯尼亚 | 100～250 |
| 马来西亚 | 133～270 |
| 印度尼西亚 | 120～200 |
| 越　南 | 36～40 |
| 前苏联 | 200～300 |
| 土耳其 | 110 |
| 刚　果 | 45～150 |
| 日　本 | 800～1000 |
| 中国台湾 | 150 |
| 中国大陆 | 100～200 |

## (二)肥料施用不当引起的公害

重施化肥虽然可以增加芽叶产量,但也有若干负面效应。除了过量施用氮肥会使茶叶品质下降、抗病虫能力降低、根系活性下降、土壤微生物数量减少和活性降低、土壤酸度下降以外,更为严重的是会使土壤和茶树芽梢中硝酸盐含量增加,引起环境污染和食品中有害物质的积累。由于硝酸盐在人体内和土壤中会被还原成亚硝酸盐。亚硝酸盐本身具有一定的毒性,摄入量过多时可引起亚硝酸盐中毒症,即高铁血蛋白症。另一方面,当亚硝酸盐进入人体后,如果遇到二级胺(人们食用的海鱼和海鲜中就含有很高量的二级胺),在人胃的微酸性条件下会结合形成亚硝胺。亚硝胺已被证明是一种胃肠道强致癌物质。正因为如此，各国对环境中和食品中的亚硝酸盐和硝酸盐含量有一个限定量。如我国规定蔬菜中亚硝酸盐含量不得超过 4 毫克/千克。世界卫生组织(WHO)规定饮用水中硝酸盐含量不得超过 45 毫克/升。日本规定地下水中硝态氮含量不得超过 10 毫克/升。但由于日本过量使用了氮肥，结果使得地下水中硝态氮含量严重超标(表 2-2)。正是由于地下水中硝酸盐含量超标，因此日本政府在上世纪 90 年代中期起作出减少茶园中氮肥施用量的决定。一般情况下，茶叶中的硝态氮含量不高，据测定只有 1 毫克/千克左右，亚硝酸盐含量就更低了。

表 2-2　日本茶园地下水中硝态氮含量

| 年　份 | 地下水中硝态氮含量(毫克/升) |
| --- | --- |
| 1965 年前 | 1～2 |
| 1975 年 | >10 |
| 1988 年 | 25 |
| 1997 年 | 35 |

　　除了氮肥使用过量引起的环境和食品中的污染外，磷肥中的铅含量高也是近年来引起重视的一个问题。从 1999 年起，我国连续报道了茶叶中铅含量偏高的现象，有相当数量的茶叶出现铅含量超标。至于茶叶中铅的来源，除了少数因土壤中铅含量较高外，肥料中铅含量高也是重要来源之一。据分析，特别是部分磷肥中含铅量高，有的可高达 100～250 毫克/千克。除了磷肥外，城市垃圾肥中也有很高的铅含量(表 2-3)。因此，在发展无公害茶叶生产中，一方面要合理施肥，充分发挥肥料对茶叶生产的积极作用，另一方面要控制肥料中可

能存在的有害污染物质,特别是在有机茶和绿色食品 AA 级(茶)的生产中,更应对有机肥和有机茶专用肥进行分析检验,以免有害污染物随有机肥料带入茶园。

表 2-3　几个国家垃圾堆肥中的铅含量

| 国　家 | 垃圾堆肥中铅含量(毫克/千克) |
|---|---|
| 前苏联 | 200 |
| 日　本 | 232 |
| 德　国 | 416 |
| 奥地利 | 200~900 |
| 瑞　典 | 218 |
| 加拿大 | 200 |
| 中　国 | 100 |

# 三、茶叶中的其他污染物及其来源

除了农药和肥料的不合理使用会使茶叶中的有害污染物含量增加外,还可能有如下一些污染物。

## (一)铜　素

自然界中铜的含量很低。茶叶中一般铜素的含量在12~40毫克/千克(绿茶),或11~71毫克/千克(红茶)。茶叶中铜素的最大残留限量在我国为 60 毫克/千克。其他国家规定的茶叶中铜素最大残留限量:德国 40 毫克/千克,日本 100 毫克/千克,澳大利亚、英国、美国 150 毫克/千克。一般情况下茶叶中的铜素不会超标,但也有少数茶样中会出现铜素超标。这主要是因为喷施铜素杀菌剂和加工机械所用合金中含有铜素。特别是我国西南和中南茶区,茶饼病是一种严重的芽叶病害,通常用波尔多液或其他含铜的杀菌剂进行防治,而喷施在叶片上的铜素杀菌剂在环境中很稳定,所以在没有经过安全间隔期就进行采摘时,这种芽叶加工成的茶叶中铜素含量就可能会超标。另外,茶叶在采下后要在揉捻机上进行揉捻,一些老的揉捻机揉盘所用的金属合金中往往含有铜素,因此,在揉捻过程中就会有铜素由揉盘转移到茶叶中。

铜对人体而言是一种必需的元素。据世界卫生组织和粮农组织食品法典委员会提出,铜的成人需要量为每天 2～3 毫克。铜素是生物体氧化还原体系的一种重要的催化剂,同时和骨骼的形成、脑功能有关。茶叶中的铜素在泡茶时的浸出率一般为 70％～80％,一般情况下茶叶中铜素的超标率很低。浙江省《无公害茶叶》地方标准中规定茶园土壤中铜素的环境质量标准为 150 毫克/千克。中华人民共和国农业行业标准《无公害食品 茶叶产地环境条件》(NY5020－2001)中规定,无公害茶园土壤中铜素的环境质量标准为小于或等于 150 毫克/千克。

## (二)氟　素

茶树是一种富集氟素的植物,是植物界中氟素浓度最高的几种之一,比一般植物的含量要高 1～2 个数量级。茶树鲜叶中氟的含量,嫩叶中平均为 100～200 毫克/千克,成茶中为 300～400 毫克/千克,老叶中可高达 1 000 毫克/千克以上。土壤中氟的浓度为 200～500 毫克/千克。适量的氟素对人体健康有益,特别是对骨骼形成和预防龋齿有直接作用。饮茶可以防龋齿已在许多国家进行的临床实验和流行病学调查中证实。但过量氟的摄入会引起斑釉状齿和氟骨症。茶叶中氟含量以紧压茶类最高,其他茶类的含氟量明显较低。据陆均培

1985年报道,绿茶中氟含量平均为123.4毫克/千克,红茶平均为107.5毫克/千克,乌龙茶平均为110.8毫克/千克,名优绿茶一般都在10毫克/千克以下。砖茶由于加工原料是比较老的鲜叶,所以含氟量较高,根据四川省卫生防疫站2000年报道,各种砖茶中的氟含量在309~851毫克/千克之间。据国家卫生部上世纪80年代组织全国13个产茶省(区)对871个茶样的测定结果,砖茶含氟量均在300毫克/千克以上,最高的四川康砖为1000毫克/千克,昆明青砖为700~763毫克/千克,湖南砖茶为339~670毫克/千克,下关绿紧压茶为400~875毫克/千克,昆明普洱茶为400~763毫克/千克。茶叶中的氟大部分是可提取的,也就是在泡茶过程中大部分氟可以被浸泡出来。根据我国和其他国家的测定结果,热水泡茶时氟的浸出率在60%~88%。人体对氟素的摄入量一般规定在每天1.5~4毫克,超过4毫克被认为对人体健康不利,低于1.5毫克应予以补充。我国卫生部规定食品中氟的允许摄入量为每天3.5毫克。人体摄入氟素的来源主要是水和食物。我国规定饮用水中氟的含量不超过1毫克/升,正常成年人每天饮水平均1250~2500毫升,这样每人每天从水中摄入的氟素为1.25~2.5毫克。食物中的氟素含量一般很低,在少数民族地区主要来自茶叶。由于我国藏族、蒙古族、维吾尔族饮茶主要是砖茶,每人每年砖茶平均消费量在5千克左右,即每人日均消费量为13.7克左右,这样平均日饮茶摄入的氟量为3~3.5毫克,占规定的日安全限量4毫克的75%~87.5%。但饮用绿茶、红茶、乌龙茶等其他茶叶是绝对安全的。因此,对砖茶的加工应尽可能提高茶树鲜叶的嫩度,以控制砖茶中的氟含量。

## （三）镉

镉是一种对人体有很大毒害的重金属。它的来源主要是由于提炼金属的工厂中散发出含有镉的气体和烟雾,随大气飘移并沉降在附近茶园中,此外肥料中有时也混有镉的杂质。如意大利对 32 个化肥样品的分析,镉的含量平均高达 9.3 毫克/千克。日本曾分析过日本绿茶中镉的含量,为 0.013～0.098 毫克/千克,平均为 0.036 毫克/千克。镉化合物在水中的溶解度仅为 1.3～2.6 毫克/升,因此通过饮茶而进入人体的镉量是微乎其微的。镉是一种对人体毒性很大的金属元素,可以在人体中蓄积,能引起急性和慢性中毒,镉还有致癌和致畸作用,已被世界卫生组织列为世界八大公害之一。目前茶叶中尚无镉的最大残留限量标准,但农用灌溉水中的允许含量为不超过 0.005 毫克/升。中华人民共和国农业行业标准(绿色食品)和浙江省无公害茶叶标准中规定,土壤中镉的浓度限量为 0.3 毫克/千克。因此,对在有镉污染源周围的茶园,应防止可能引起镉污染问题的出现。

## （四）铝

铝是地壳中含量最丰富的几种元素之一。它在植物界中的含量一般每千克在几毫克至几百毫克。由于茶园土壤中一般含铝量高,而茶树又是一种能富集铝的植物,因此,茶叶中铝含量远超过一般植物体内的含量水平。茶树鲜叶中的含铝量在 200～1 000 毫克/千克,老叶中的含量甚至高达 20 000 毫克/千克。成茶中的铝在泡茶过程中的浸出率很低,一般低于 20％。根据国内大量文献资料,一般茶汤中铝含量在 2～6 毫克/升。铝对人体而言不是一种必需的元素,曾经有文献认为铝和人的老年性痴呆症有关,但由于证据不足,已予以否定。但茶叶中的铝含量高的问题仍然引起各国科学家关注。因此,对于土壤中铝富集量高的地区,应对该地区茶园中生产的茶叶进行监测,以掌握铝含量的动态。

## (五) 铁

茶树叶片中铁的含量在植物界中属含量较高的。鲜叶中铁含量为 80～270 毫克/千克,平均 160 毫克/千克。成茶中的铁含量一般为 50～500 毫克/千克。根据 1998 年王济安对浙江、安徽、江西三省 13 个产地收集的 31 个绿茶茶样的分析结果,茶叶中的铁含量最低为 46.7 毫克/千克,最高为 312.78 毫克/千克。据日本资料,绿茶中铁含量为 80～260 毫克/千克,平均为 123 毫克/千克;红茶中铁含量为 110～290 毫克/千克,平均为 196 毫克/千克。茶叶中铁素含量与老嫩度关系不大,但不同产地间差异很大。据王济安报道,上海口岸部分绿茶因加工过程中茶机合金中含有的铁而引起的铁污染可达 30～70 毫克/千克(不包括茶叶本身含有的铁)。尽管目前有关茶叶中铁的最大残留标准仅见沙特阿拉伯报道为 150 毫克/千克(连同平均本底值 150 毫克/千克,为 300 毫克/千克),目前茶叶中未见有超过此限量值。而且茶叶中的铁素在泡茶时的浸出率很低,因此并未引起关注。但在加工过程中由于机械原料带来的污染也应引起重视。此外,在茶饮料的金属罐包装中有时常因拉口处有微孔,出现铁质含量增加的现象,日本对饮用水中铁的限量值规定为 0.3 毫克/升。

铁是人体需要的一种元素,人体中铁的含量高达 4 000 毫克以上,每天正常的摄入量为 12～15 毫克。因此,一般不致构成对人体健康的危害。

## (六)多环芳香烃类

早在20世纪40年代就已经证实了许多多环芳香烃类化合物对高等动物具有致癌性,3,4-苯并芘是其中最重要的一种。日本曾对茶叶中3,4-苯并芘含量进行分析,结果表明,煎茶中含量最高,为0~16微克/千克,玉露茶为0~1.6微克/千克,焙茶为0~6.4微克/千克,红茶为0~3.9微克/千克。英国对进口茶叶(红茶)的分析表明,3,4-苯并芘含量为3.9~21微克/千克。印度也报道茶叶中含有3,4-苯并芘1~10微克/千克。由于3,4-苯并芘在水中的溶解度很低(27℃下每升水中只溶解4微克),所以进入茶汤中的数量微不足道。

茶叶中多环芳香烃类的来源有两个:一是工厂和汽车排气中含有多环芳香烃类化合物,随空中尘埃降落在茶树叶片上,因此在距公路或城市较近的茶园,被污染的可能性较大;另一个来源是鲜叶在加工时的热解过程中形成的。多环芳香烃类化合物是具有强环境毒性的污染物,尤其是随着城市工业化的发展和汽车数量的增加,多环芳香烃类化合物的数量和来源也随之增加。发展无公害茶叶,要密切注意其污染来源,预防茶叶中此类物质的形成。

## (七)放射性核污染

自然界中存在有微量的放射性物质,土壤中也会存在一些具有放射活性的化合物,这些物质在正常情况下对茶叶不会构成污染。安徽卫生防疫站何木生于1995年分析了235种安徽名茶中放射性锶($^{90}Sr$)、镭($^{226}Ra$)、钾($^{40}K$)、钍($^{232}Th$)和总 $\alpha$,总 $\beta$ 放射性强度,结果表明,饮用者通过饮茶而进入人体的放射性物质的量微乎其微。放射性污染主要是来自核工业的核泄漏对附近茶园构成的严重污染。格鲁吉亚共和国的生理学研究所曾测定在切尔诺贝利核电站核泄漏事故后附近茶园中采下鲜叶制成的茶样中铈($^{141}$Ce)、镧($^{140}$La)、铷($^{103}$Rb，$^{106}$Rb)、钡($^{140}$Ba)、铯($^{134}$Cs，$^{137}$Cs)、锆($^{95}$Zr)、铌($^{95}$Nb)和锶($^{90}$Sr)等放射性元素含量，结果发现有不同程度的核污染，放射性强度在1 064～44 000贝可(Bq)/千克，其中以$^{137}$铯污染最严重。根据当地人饮茶量计算，在1986～1987年度间1年平均通过饮茶摄入的放射性元素剂量约为1毫希[沃特](mSv)，这个数量已超过安全剂量值。由于$^{137}$铯的半衰期(t½)长达1 750天，也就是消解50%需4.8年，而且在泡茶时在水中溶解度达65%左右，因此需要一个长达20年左右的时间方可降至安全剂量以下。

### (八)含毒塑料薄膜

随着塑料工业的迅速发展，塑料在农业上的应用日益广泛。在茶叶生产中从上世纪90年代以来用薄膜在冬季覆盖茶园，可以在翌年早春提前开采，获得更高的经济效益。但农用塑料薄膜在制造过程中需要加入增塑剂，增塑剂主要是以苯酐为原料的邻苯二甲酸酯类，最常用的有邻苯二甲酸辛酯、二异辛酯、二丁酯和二异丁酯等4种。用这些含毒塑料制品覆盖茶树后，它们所释放的气体会被茶叶所吸附，构成污染。虽然目前尚未制订出茶叶中各种增塑剂的最大残留限量标准，但应引起重视，特别是在有机茶的生产中，应避免这种可能引起的污染。据资料记载，2000年在印度运往德国的有机茶中，即检出有邻苯二甲酸二异丁酯，遭到退赔，引起巨大的经济损失。

此外，茶叶包装所用的塑料薄膜也应有所选择。聚乙烯薄膜是常用的食品包装袋材料，污染小，而聚氯乙烯目前不用于食品包装,因为它易挥发出增塑剂成分,构成对茶叶的污染。另一个易引起污染可能的是茶饮料的包装材料,目前推荐用的是聚酯(PET)瓶包装,世界上用聚酯瓶包装的饮料约占饮料的35%。但也有采用聚乙烯瓶包装和金属包装的,它们引起污染的可能性大于聚酯瓶包装。

### (九)木材和煤炭燃烧引起的污染

烟味是我国炒青绿茶中普遍存在的问题,实际上是由于木材和煤炭燃烧后产生的烟味引起的污染。木材燃烧产生的污染物在茶叶中主要是一氢茚、萘、愈创木酚、正壬酸等化合物。煤炭燃烧产生的污染物在茶叶中主要是萘、雪松醇和愈创木酚。

### (十)病原微生物的污染

病原微生物污染是指有害微生物在茶叶采摘、摊放、加工、包装和运贮过程中对茶叶产品构成的污染。这主要决定于茶叶生产、加工和包装过程中的卫生管理条件。常见的有害微生物包括沙门氏杆菌、志贺氏痢疾杆菌、大肠杆菌、肠病毒、肝炎病毒等。目前发达国家对进口茶叶已经或即将进行有害微生物检验,而目前我国茶叶产品中有害微生物的污染还相当普遍,从无公害茶的生产来讲,除了防止上述各种化学污染物外,对有害微生物污染的预防更是刻不容缓的任务。茶叶是一种食品,因此要像对待食品加工的要求一样来对待茶叶加工,加强卫生管理,使茶叶能真正达到卫生质量的标准。

# 第三章　无公害茶园的种植与管理技术

茶树是一种多年生经济作物,一旦种植可以生长几十年。为了提高茶叶的质量,避免茶树受到各种污染,因此,必须从茶园基地的选择、品种的选择、园地的开垦和种植、茶树与土壤的管理、施肥技术以及病、虫、草害的控制等各个方面加以注意。

## 一、基地的选择

### (一)土壤条件

无公害茶园基地的选择包括土壤肥力、周边环境以及地形条件都需全面考虑。

土壤是茶树立地之本,也是高产优质和无公害的基本保证。根据茶树生长习性,无公害茶园的土壤必须具备自然肥力水平高、土层深厚、土体疏松、沙壤质地、通气性能良好、土体中没有隔层、不积水、腐殖质含量高、营养丰富而平衡、呈酸性或弱酸性等。最好是选用酸性的油沙土、乌沙土、黄泥沙土、香灰土等带沙性的土壤。根据各地经验,建立无公害茶园对土壤的肥力指标的要求见表 3-1。

表 3-1　无公害茶园土壤肥力要求

| 项　目 | 指　标 |
|---|---|
| 有效土层 | 大于 80 厘米 |
| 有机质含量(0~45 厘米平均) | 大于 15 克/千克 |
| 全氮含量(0~45 厘米平均) | 大于 0.8 克/千克 |
| 有效氮含量(0~45 厘米平均) | 大于 80 毫克/千克 |
| 有效钾含量(0~45 厘米平均) | 大于 80 毫克/千克 |
| 有效镁含量(0~45 厘米平均) | 大于 40 毫克/千克 |
| 有效磷含量(0~45 厘米平均) | 大于 10 毫克/千克 |
| 有效锌含量(0~45 厘米平均) | 1~5 毫克/千克 |
| 交换性铝含量(0~45 厘米平均) | 3~5 厘摩尔$(1/3Al^{3+})$/千克 |
| 交换性钙(0~45 厘米平均) | 小于 5 厘摩尔$(1/2Ca^{2+})$/千克 |
| 土壤 pH 值 | 4.5~6.5 |
| 土壤容重 | 1~1.2 克/厘米$^3$ |
| 土壤容重(心土和底土) | 1.2~1.4 克/厘米$^3$ |
| 土壤孔隙度(表土) | 50%~60% |
| 土壤孔隙度(心土和底土) | 45%~55% |
| 透水系数(0~45 厘米平均) | $10^{-3}$厘米/秒 |

　　在受到生活垃圾和施用未经无害化处理有机肥污染时，土壤中常带有大量的动植物的病原体、虫卵等,这些病原体和虫卵可在土壤中存活很长时间,如痢疾杆菌可生存 22~142 天,结核杆菌可生存 360 天左右,蛔虫卵可生存 1 年至 1 年半,沙门氏菌可生存 35~70 天,炭疽杆菌芽胞在土壤中可存活 30 年以上。各种病原体和虫卵不但会使茶树受到危害,如夹带在茶叶中也会使人体受到危害。因此,除了土壤的肥力指

标以外,土壤卫生指标和重金属的含量也是无公害茶园土壤所必须考虑的另一个因素。

无公害茶园土壤的卫生条件,必须符合安全食品的生产条件。根据国际卫生组织制订的评价土壤生物污染系列卫生标准,作为一般的无公害茶园,每克土壤中病原菌数必须低于 $10^4 \sim 10^5$ 个,每克土壤的寄生虫卵数不得超过 10 个。对于更高一级的无公害茶园,如绿色食品茶和有机茶茶园土壤的卫生条件要求更高,属无污染土,每克土壤的病原菌数必须低于 $10^4$ 个,每克土壤中寄生虫卵不得检出。

无公害茶园土壤中,对人体有害的重金属元素含量也必须符合要求。作为一般无公害茶园,土壤中汞(Hg)、镍(Ni)、铜(Cu)、镉(Cd)、砷(As)、铅(Pb)、铬(Cr)等含量最高允许值,必须根据我国茶园土壤这些重金属背景含量、茶树对这些重金属生长效应、人畜对这些重金属反应、国家对这些重金属在茶叶中允许含量的标准、土壤生物对这些重金属的生物效应及对相邻环境的污染效果等 5 个方面的资料来确定,其中有害重金属最低标准是:镉不得超过 0.3 毫克/千克,铅不得超过 250 毫克/千克,铜不得超过 150 毫克/千克,铬不得超过 150 毫克/千克,汞不得超过 0.3 毫克/千克,砷不得超过 40 毫克/千克。

但对于更高一级的无公害茶园,生产 A 级和 AA 级绿色食品茶及有机茶,其对土壤有害重金属含量有更高要求。国家绿色食品土壤质量标准评估规定,6 个有害重金属低限,采用某土类背景值(中国环境监测总站编写的《中国土壤环境背景值》)算术平均值加 2 倍标准差,AA 级绿色食品茶叶,土壤表层的汞一般不得超过 0.21 毫克/千克,根层一般不超过 0.26 毫克/千克;镉的含量表层一般不得超过 0.15 毫克/千克,根层不超过 0.14 毫克/千克;铅的含量表层一般不超过 37 毫克/千克,根层不超过 40 毫克/千克;砷的含量表层一般不超过 15 毫克/千克,根层不超过 5 毫克/千克;铬的含量表层一般不超过 98 毫克/千克,根层不得超过 100 毫克/千克。但茶园土壤类型不同,对 6 个主要重金属含量的低限要求差异较大,我国绿色食品生产地生态环境质量标准的土壤质量标准、绿色食品茶叶不同茶园土壤的重金属含量标准如表 3-2。

对于 A 级绿色食品茶叶的茶园土壤,各种重金属污染指数均不得超过 1。

关于有机茶园的土壤,对有害重金属含量的要求更高,目前主要是执行中国农业科学院茶叶研究所有机茶研究与发展中心(OTRDC)和浙江省技术监督局制订的标准。具体标准是:汞≤0.15 毫克/千克,镉≤0.2 毫克/千克,砷≤15 毫克/千克,铜≤50 毫克/千克 ,铅≤35 毫克/千克,铬≤90 毫克/千克。

目前,我国广大山区和半山区茶园土壤有害重金属污染还不很严重,一般都能达到无公害茶的生产标准。但一些离城市较近的近郊茶园,公路主干道附近的茶园及离矿区较近的矿区茶园,由于茶园受重金属污染的机会多,污染系数高,安全性差,某些重金属常常有超标的实例。在选建无公害茶园时应加以注意。

除了土壤的卫生指标和重金属指标之外,土壤中除草剂和农药的含量也十分重要。由于许多除草剂及农药在土壤中易被土壤微生物分解而降解,茶树从土壤中吸收的农药和除草剂积累量较少,因此我国目前对一般无公害茶园土壤农药和除草剂含量的低限未作全面规定,只对六六六和 DDT 作了规定,一般无公害茶园的土壤六六六(4 种异构体总量)不

表 3-2 绿色食品不同茶园土壤重金属含量标准 （毫克/千克）

| 茶园土类 | 汞 (Hg) | | 镉 (Cd) | | 铅 (Pb) | | 砷 (As) | | 铬 (Cr) | |
|---|---|---|---|---|---|---|---|---|---|---|
| | 0～20（厘米） | 20～40（厘米） | 0～20（厘米） | 20～40（厘米） | 0～20（厘米） | 20～40（厘米） | 0～20（厘米） | 20～40（厘米） | 0～20（厘米） | 20～40（厘米） |
| 潮　土 | 0.15 | 0.07 | 0.23 | 0.21 | 37.70 | 41.06 | 15.78 | 16.82 | 98.06 | 104.68 |
| 棕　壤 | 0.15 | 0.18 | 0.21 | 0.19 | 44.98 | 46.1 | 23.50 | 24.40 | 131.20 | 141.30 |
| 黄棕壤 | 0.21 | 0.16 | 0.28 | 0.19 | 53.40 | 44.52 | 24.22 | 25.74 | 118.40 | 122.44 |
| 黄　壤 | 0.21 | 0.26 | 0.19 | 0.17 | 56.34 | 81.90 | 32.68 | 35.14 | 108.1 | 198.94 |
| 红　壤 | 0.18 | 0.19 | 0.19 | 0.19 | 54.66 | 66.12 | 39.34 | 35.78 | 150.44 | 124.80 |
| 赤红壤 | 0.13 | 0.17 | 0.16 | 0.15 | 83.76 | 105.64 | 36.36 | 62.90 | 107.3 | 133.68 |
| 砖红壤 | 0.10 | 0.07 | 0.27 | 0.23 | 63.14 | 77.78 | 17.18 | 27.64 | 233.36 | 256.44 |
| 紫色土 | 0.14 | 0.15 | 0.23 | 0.24 | 49.14 | 51.14 | 18.58 | 23.80 | 115.78 | 101.86 |

注：含量为全量

得超过 0.5 毫克/千克,DDT(4 种衍生物总量)不得超过 0.5 毫克/千克。绿色食品茶园和有机茶园土壤中六六六和 DDT 残留限量也有规定,根据绿色食品生产环境质量评估要求,AA 级和 A 级有机茶园土壤中 DDT 和六六六含量低限为 0.1 毫克/千克。因此,过去已多年用过农药和除草剂的茶园,要使它转变为绿色食品茶园和有机茶园时,必须经过几年的转换期,才能达到无害化生产的目标。

（二）周边环境条件

目前我国广大茶区乡镇企业不断发展,乡镇不断城市化,茶区和茶园污染程度也有所增加,无公害茶园的基地选择,必须考虑茶园和基地的周边环境条件。因为茶叶是采摘后不加清洗即加工的,加工后的成茶也不加清洗即冲泡而饮用,因此,作为一般的无公害的茶叶,首先必须是符合食品卫生要求,对人体健康无危害,这就要求茶园周边环境必须没有污染源和尘土。作为绿色食品茶和有机茶则要求更高,对大气质量要求符合国家《环境空气质量标准》中的一级标准,见表 3-3。

表 3-3　大气环境质量标准

| 项　　目 | | 标　准(毫米/米³) | |
|---|---|---|---|
| | | 日平均 | 1 小时平均 |
| 总悬浮微粒(TSP) | | 0.12 | — |
| 二氧化硫(SO₂) | | 0.05 | 0.15 |
| 氮氧化物(NOₓ) | | 0.10 | 0.15 |
| 氟化物(F) | 滤膜法 | 7(微克/米³) | 20(微克/米³) |
| | 挂片法 | 1.8(微克/分米²) | — |

注:日平均指任何 1 日的平均浓度;1 小时平均指任何 1 小时的平均浓度;连续采样 3 天,1 日 3 次,晨、午和夕各 1 次;氟化物采样可用动力采样滤膜法或石灰滤纸挂片法,分别按各自规定的浓度限值执行,石灰滤纸挂片法挂置 7 天

在生产无公害茶时,应当把茶园与基地选择在远离城市、远离工厂、远离居民点、远离公路主干道的山区和半山区,防止城市生活垃圾、酸雨、工厂废水、废气、尘土、汽车尾气及过多人群活动给茶园带来污染。茶树是经常要采收的作物,茶园周边不得有经常喷洒农药的作物,防止在喷洒农药时随风飘移污染随时可能采收的茶叶。另外,要在茶园和基地周边多种树木,使茶园处于密林的环抱之中,使茶树经常处于云雾笼罩之下,保持清新、湿润的良好环境,这样既可以使茶叶不受污染,也可进一步提高青叶原料的自然品质。现在有许多所谓生态茶园、无公害茶园、绿色食品茶园和有机茶园的示范园区,为了扩大广告效应和宣传效果,选择在商业区附近、主要公路边和人群较集中的地方,这都是不可取的。

### (三)地形条件

无论山区、半山区或低丘陵地区,一般地形条件对公害无直接关系,但从水土保持和茶园管理角度考虑,无公害茶园必须选择在适宜的地形条件下,一般 30°以上的陡坡不宜开垦茶园,山脚下的平地容易积水,并与稻田等作物接壤,易受稻田喷洒农药的污染,一般也不宜垦为无公害茶园。最好是选在5°~25°的坡地及低丘陵地区的岗地上。一些缓坡的低洼地、急陡坡转为缓坡的折转地段及山垄的端处等等,常常是地表径流和地下水汇集的地方,容易造成湿害,一般也不宜选作无公害茶园。缓坡坡麓平坦地和碟形洼地、水库、山塘等下方易积水,也不宜选作无公害茶园。

除了土壤、周边环境和地形条件之外,交通条件也是一个重要因素,一些深山老林、群山深处,土壤、周边生态环境和地形条件都很好,但交通困难,茶园管理、采收、加工等都不方便,也不宜发展。

总之,无公害茶园和生产基地的选择,既要考虑茶树生长对环境的要求,又要考虑周边环境对茶树污染的影响,还要考虑生产加工运输方便,全面分析,综合选定。

# 二、品种的选择

茶树良种是生产之本,也是保持优质、高产、高效益的基本条件。在进行任何一种无公害茶叶生产时,都要根据当地生产的茶类、劳力和机械化程度等选择产量高、品质优、抗病抗虫抗瘠能力强的适宜品种进行种植,并注意苗木的检疫和质量检验。

## (一)茶树优良品种

我国的茶树良种很多,经全国茶树良种委员会审定通过的品种就有 77 个,加上各省级审定的品种,估计有 120 多个。现将可作无公害茶生产的主要推广良种列表介绍如下(表 3-4)。

表 3-4 无公害茶生产的主要茶树良种

| 良种茶树名称 | 良种特征 | 适种地区 | 适制名茶 |
| --- | --- | --- | --- |
| 1. 英红 1 号 | 乔木型,株高大,树姿开张,大叶类,分枝密,3月上旬发芽,全年发 6 轮,芽叶淡绿色,多毛,抗性强,高产,成茶汤色红 | 广东、广西、云南、海南等大叶茶地区 | 红碎茶 |
| 2. 凤庆大叶茶 | 乔木型,株高大,树姿开展和半开展,大叶类,发芽力强,3月上旬发芽,叶子特大,芽肥,黄绿色,有毛,高产,成茶质浓 | 广东、广西、海南及滇南等大叶茶地区 | 青和晒青茶 |
| 3. 云抗 10 号 | 乔木型,株高大,树姿开展,大叶类,分枝密,2月中旬发芽,全年发 5~6 轮,芽梢黄绿色,多毛,成茶质浓,香高、汤亮 | 绝对低温大于 -5℃ 的地区 | 红碎茶和绿条茶 |

| 良种茶树名称 | 良种特征 | 适种地区 | 适制名茶 |
|---|---|---|---|
| 4. 上梅州 | 灌木型,株不高,大叶类,中芽种,3 月中旬发芽,芽壮,色黄绿,多毛,开花不结实,抗逆性强,高产 | 江西、湖南、浙江等低丘红壤地区 | 烘青绿茶,"上饶白眉"等名优茶 |
| 5. 大面白 | 灌木型,株高,树姿开展,大叶类,早芽种,3 月上旬发芽,芽叶绿色,多毛,发芽快,成活率高,高产优质 | 江西、湖南、浙江等低丘红壤地区 | 绿茶及"上饶白眉"、"仙台大白"等名优茶 |
| 6. 蜀永 2 号 | 小灌木型,株短小,树姿直立,分枝密,中芽种,3 月下旬发芽,芽叶肥壮,抗螨强,高产优质 | 西南、华南、江南南部红茶地区 | 红碎茶 |
| 7. 安徽 1 号和 3 号 | 灌木型,1 号树姿直立,3 号树姿半开张,中芽种,3 月中旬发芽,芽叶黄绿色,多毛,分枝密,全年发 4~5 轮,抗性强,高产优质 | 长江中下游广大茶区 | 红、绿茶,是祁红和毛峰的高级原料 |
| 8. 福鼎大毫 | 小乔木,树高大,分枝密,树姿直立,早芽种,全年发 5~6 轮,抗性强,高产优质 | 江南广大茶区 | 绿茶、白茶,是工夫红茶、白毫银针、白毛猴、白牡丹的优质原料 |
| 9. 凤凰水仙 | 小乔木,株高大,分枝位高而稀,树姿较直立,早芽种,3 月上旬发芽,芽叶肥,少毛,淡绿色,多花果,高产 | 华南及闽南地区 | 乌龙茶、红茶 |
| 10. 海南大叶茶 | 乔木型,株高大,分枝位高而稀,树姿直立,特早种,2 月上旬发芽,儿茶素含量高,芽叶肥壮,少毛,抗寒性差,结实率低,高产优质 | 海南省热带地区 | 红碎茶 |
| 11. 福安大白茶 | 小乔木型,株高大,树姿半开张,分枝密,早芽种,3 月上旬发芽,发芽力强,1 年发 6 轮,芽黄绿色,抗性强,高产优质 | 江南各茶区 | 红茶、绿茶、白茶,是工夫红茶和白毫银针的高级原料 |
| 12. 政和大白茶 | 小乔木型,树姿直立,分枝稀,迟芽种,4 月上旬发芽,长势强,芽叶肥壮,多毛,芽叶绿色微黄,开花不结实,抗性强,高产优质 | 江南各茶区 | 红茶、绿茶、白茶、工夫红茶的好原料 |

| 良种茶树名称 | 良种特征 | 适种地区 | 适制名茶 |
|---|---|---|---|
| 13. 黔湄 419 及 502 | 小乔木型,株高大,树姿开张或半开张,迟芽种(419)和中芽种(502),多毛,抗虫抗病及抗寒力低,高产 | 西南各茶区 | 419 适制红茶;502 适制红、绿茶 |
| 14. 劲峰 | 小乔木,树较高大,树姿半开张,分枝密度中等,早芽种,3 月上旬发芽,抗性强,高产优质 | 长江中下游广大茶区 | 大宗绿茶及名优绿茶 |
| 15. 翠峰 | 小乔木,树高大,树姿开张,分枝较密,中芽种,芽叶翠绿,多毛,扦插成活率高,高产优质 | 长江以南各茶区 | 大宗绿茶及名优绿茶 |
| 16. 迎霜 | 小乔木,株较高大,树姿直立,分枝密度中等,早芽种,发芽势强,全年发 5~6 轮,芽叶黄绿,多毛,抗芽枯病差,高产 | 长江以南各茶区 | 红茶、绿茶 |
| 17. 浙农 12 号 | 小乔木,株高大,枝干粗壮,树姿开张,中芽种,全年发 4~5 轮,芽壮多毛,耐贫瘠 | 长江中下游各茶区 | 红、绿茶 |
| 18. 黄山种 | 灌木型,树姿开张,分枝密度中等,迟芽种,4 月上旬发芽,芽叶绿色,多毛卷背,抗病抗寒 | 高山、高寒地区 | 绿茶,是黄山毛峰、浙蒙翠绿的好原料 |
| 19. 槠叶齐 | 灌木型,株体大,树姿开张,分枝密度中等,中芽种,芽叶黄绿,多毛,发芽力强,结实率高,高产 | 江南、西南茶区 | 红、绿茶,是高桥银针的好原料 |
| 20. 祁门种 (槠叶种) | 灌木型,树姿开张,分枝密度中等,中芽种,抗病、抗旱、抗瘠,结实率高,芽叶黄绿色,有茸毛 | 长江中游及西南和江北茶区及世界各国 | 绿茶、红茶 |
| 21. 紫阳种 | 灌木型,树姿开张,分枝密,早芽种,3 月上旬发芽,芽叶黄绿带紫,有茸毛,抗寒性强,高产优质,高香 | 江北茶区 | 绿茶,是紫阳毛尖、秦巴雾毫的好原料 |

| 良种茶树名称 | 良种特征 | 适种地区 | 适制名茶 |
|---|---|---|---|
| 22. 大叶乌 | 灌木型,树姿半开张,分枝密度中等,中芽种,芽叶深绿,多毛,抗性强,香高诱人,高产优质 | 江南茶区 | 最适乌龙茶,可制红茶和绿茶 |
| 23. 龙井长叶 | 灌木型,株高中等,树姿半开张,分枝密,中芽种,育芽能力强,全年发5轮,芽叶黄绿,多毛,抗旱抗寒,易栽培,需钾高,高产优质,香高味醇持久 | 长江中下游广大茶区 | 绿茶,是高档龙井茶的好原料 |
| 24. 龙井 43 | 灌木型,株高不高,树姿半开张,分枝密,早芽种,3月初发芽,芽叶细小,耐采,抗性强,高产优质,但易老化 | 长江中下游广大茶区 | 绿茶,是高级龙井好原料 |
| 25. 毛蟹种 | 灌木型,树姿半开张,分枝密,中芽种,3月下旬发芽,芽叶深绿,芽壮,多毛,节间短,持嫩性差,抗旱抗寒抗贫瘠,适应性广,高产 | 长江中下游广大低丘红壤地区 | 红茶、绿茶,也可制乌龙茶 |
| 26. 铁观音 | 灌木型,树姿开张,分枝角度大而稀,迟芽种,4月初发芽,芽叶黄绿带紫,叶肥,芽壮,持嫩性好,抗性强,扦插成活率低,对栽培要求高,品质好,具兰花香 | 闽南、广东等地 | 乌龙茶 |
| 27. 黄金桂 | 小乔木,株较高,树姿半开张,分枝密,节间短,早芽种,3月上旬发芽,芽叶绿色,抗性强 | 闽南、广东等地 | 乌龙茶 |
| 28. 梅 占 | 小乔木,株较高,分枝较密,树姿直立,迟芽种,3月下旬发芽,抗旱性强 | 福建、两广、浙江、江西等地 | 红茶、绿茶、乌龙茶 |
| 29. 福鼎大白茶 | 小乔木,株高大,树姿半开张,分枝密度中等,早芽种,3月上旬发芽,育芽能力强,1年发6轮,芽肥毛多,持嫩性好,抗性强,适应性广 | 全国各茶区 | 红茶、乌龙茶,也是白茶的好原料 |

| 良种茶树名称 | 良种特征 | 适种地区 | 适制名茶 |
|---|---|---|---|
| 30. 碧　云 | 小乔木,株较高大,树姿直立,分枝位高,密度中等,中芽种,芽叶有毛,黄绿色,抗性强,高产 | 长江中下游广大茶区 | 绿茶 |
| 31. 菊花春 | 灌木型,株高中等,树姿半开张,分枝密,中芽种,发芽密度大,芽细多毛,抗性强,适应性广,高产优质 | 长江中下游广大茶区 | 红、绿茶 |
| 32. 早白尖 | 灌木型,株高中等,树姿开张,分枝密,早芽种,3月初发芽,芽叶浅绿,多毛,持嫩性好,抗性强,品质好,适应性广 | 西南茶区 | 工夫红茶,是白毛尖的好原料,也可制名优绿茶 |
| 33. 乌牛早 | 灌木型,树姿半开张,株高大,分枝稀,特早种,2月底发芽,芽叶肥壮,淡绿色,毛多,育芽能力强,适应性广,肉质中等 | 浙江及江南茶区 | 名优绿茶及龙井茶 |
| 34. 浙农 113 | 小乔木,株体中等,树姿半开张,分枝密,中芽种,芽叶绿色,多毛,抗寒性强,抗病,适应性广,高产优质 | 长江中下游广大茶区 | 绿茶,是高毛峰的好原料 |

## (二)品种选用

在进行无公害茶叶生产时,良种的选择是十分重要的,在良种选用中必须注意以下几点。

### 1. 优　质

随着人民生活水平的提高,人们对茶叶的要求也随之提高,优质茶越来越受到人们的青睐,越是质优的茶叶在复杂的市场竞争中越能占有优势。因此,在进行无公害茶生产时,首先要选择优质的茶树品种。优质茶要从色、香、味、形四个因素来考虑。当然,不同茶类对茶叶质的要求是不同的,如绿茶一般要求外形细紧绿润,香浓且富板栗香,汤色绿亮持久不变,滋味鲜浓回甘;红茶一般则要求外形乌润显毫,香气浓郁鲜甜,滋味浓醇爽口,汤色红亮;乌龙茶一般则要求外形乌润砂绿,香气馥郁带有兰花香,滋味鲜滑隽永,汤色黄亮如金。应根据当地生产的不同茶类,选择相应的适制性强的良种。

## 2. 高 产

高产仍然是当前无公害茶选择良种的重要因素,在同一措施下,高产的茶树尤其是春茶产量高的茶树,生产效益自然也就高。高产茶树要求发芽势好,生长势旺,育芽能力强,多发快长,耐采,在正常的管理条件下投产后 15～20 年间每 667 平方米产量能保持在 150 千克以上。

## 3. 高 抗

在进行无公害茶尤其是绿色食品茶和有机茶生产时,茶树品种的高抗性尤为重要。因为在生产过程中要求少用或不用化学农药、化学肥料和化学除草剂,防治病虫采用生物农药,并以生物防治为主,施肥以有机肥和生物肥为主,但目前这些生物农药和生物肥料的效果往往不如化学农药和化学肥料来得快,这就要求茶树有较好的抗病、抗虫、抗贫瘠等高抗能力,才能保持高产优质。尤其是在进行绿色食品茶和有机茶生产时,选择那些生物农药难以对付的小绿叶蝉、螨类、黑刺粉虱、茶饼病、根病发病率低和抗低氮的茶树品种尤为重要。

## 4. 适应性

许多良种由于长期生长在一个特定的土壤气候条件下,造成了一定的适应性,只有在这种条件下才表现出某种良好的特性,一旦条件改变,某种良好特性就可能消失。如龙井 43 在浙江表现出早发多发等优良性质,一旦移种到两广和海南,这种特性不但没有得到很好的表现,反而出现水土不服、生长不良等现象。因此,在进行任何一种无公害茶生产的引种时,必须注意良种的适应性,尽可能引用与当地环境条件相似地区生长的优良品种,这样成功率较高。

**5. 多品种搭配**

在进行规模化无公害茶叶生产时,多品种之间的搭配十分重要。如适当地把早芽种、中芽种和迟芽种相互搭配,这样可以错开采摘期,解决劳力不足的矛盾。又如,适当地把适制红茶、绿茶、乌龙茶品种互相搭配,这样可以进行多产品的开发,多茶类的相互搭配,增强生产单位对市场需求的应变能力,提高生产效益。另外,特别要注意开发一些含有特种功能成分的品种茶,如低咖啡因品种茶、高氨基酸茶、高多酚茶等。

**(三)苗木的检疫**

为了确保良种苗木的纯正度和防止病虫的传播,对所引品种的苗木应进行严格的检疫,凡向外地调运的茶苗均应附有该苗木正规的检验证书。种植 AA 级绿色食品茶和有机茶应尽可能采用绿色食品农业和有机农业系统的苗木,即插穗必须是来自绿色食品茶园和有机茶园的,苗圃必须按绿色食品农业和有机农业管理方式进行管理。不能采用转基因品种的茶苗。

**1. 良种纯真度的鉴定**

任何一种无性系品种的苗木,都必须按 GB11767−1989 规定的标准进行鉴定。一般不同无性系品种茶苗都有典型的特征,均匀一致,较易识别。鉴定时应以茶苗的形态学特征为主,结合观察生物学特性。对出圃苗木的抽检数量按表 3-5 进行抽检,逐株鉴定,记录样本数及混杂品种和变异品种的株数,按以下公式计算其品种的纯真度。

$$品种的纯真度 = \frac{抽取被检样本总数 - 变异和混杂品种数}{抽取被检样本总数} \times 100\%$$

表 3-5　茶苗检验取样比例

| 出圃苗株数 | 取检苗株数 |
| --- | --- |
| 5000～10000 | 50 |
| 10000～50000 | 100 |
| 50000～100000 | 200 |
| ＞100000 | 300 |

## 2. 质量检验

茶苗的质量好坏,直接关系到新建无公害茶园的质量和成园时间,在引种时一定要严格控制出圃茶苗的质量标准,对于不合格茶苗不予出圃。所有无公害茶园不同品种茶苗质量标准应统一按 GB11767-1989 标准执行,具体标准见表 3-6。

表 3-6　大叶种和小叶种无性系苗质量标准

| 级别 | 苗高（厘米） | 茎粗（毫米） | 着叶数（片） | 一级分枝（个） | 侧根数（个） | 侧根长（厘米） | 品种纯度（%） | 病虫状况 |
| --- | --- | --- | --- | --- | --- | --- | --- | --- |
| 小　叶　种 | | | | | | | | |
| Ⅰ | ＞30 | ＞3 | ＞8 | 1～2 | ＞3 | ＞12 | 100 | 无根结线虫病、茶根蚜、茶饼病及茶根瘤等 |
| Ⅱ | 20～30 | 1.8～3 | 6～8 | 0～1 | 2～3 | 4～12 | 99 | |
| Ⅲ | ＜20 | ＜1.8 | ＜6 | 0 | 1～2 | ＜4 | ＜99 | |
| 大　叶　种 | | | | | | | | |
| Ⅰ | ＞35 | ＞4 | ＞8 | 1～2 | ＞3 | ＞15 | 100 | 无根结线虫病、茶根蚜、茶饼病及茶根瘤等 |
| Ⅱ | 25～30 | 2.5～4 | 5～8 | 0～1 | 2～3 | 10～15 | 99 | |
| Ⅲ | ＜25 | ＜2.5 | ＜5 | 0 | ＜2 | ＜10 | ＜98 | |

## 3. 疫病鉴定

茶苗幼小抗性差,极易遭受病、虫害,为了防止引种时病、虫的传播,出圃的茶苗出圃前应进行检查,如有病、虫可用农药进行消毒和杀虫。一般无公害茶园、绿色食品茶园和有机茶园用的茶苗，可用硫酸铜、石硫合剂或波尔多液等农药进行处理。凡是向外地调运的茶苗或是由外地调入的茶苗，调出单位必须向调入单位出具当地检疫部门对茶苗病、虫检疫结果的检验证书，调入单位必须详细阅读证书，并对调入茶苗进行抽样复检。如发现有危险性病、虫，或当地从未发生过的病、虫，必须请示有关植保部门进行处理，确认安全后方可调入。这对于发展绿色食品茶园和有机茶园非常重要，不可麻痹疏忽。

# 三、开垦和种植

茶树的开垦和种植是茶园建设的基础工作，也是无公害茶园管理工作中的重中之重，关系到以后能否高产、优质、高效益、无污染的问题，必须在建园之初，全面规划，落实各项措施，打好基础。

## （一）全面规划

无公害茶园或生产基地选定后，开垦前首先要做好规划。规划要因地制宜，既要考虑茶树生长对生态条件的要求，又要考虑道、沟、渠及农、林、牧、副、渔等的整体结构，要合理布局，构成生物多样化的立体农业格局，经济实用。

### 1. 地块选择和划分

首先要根据选定的基地地块，按照地形条件进行划分，坡度在30°以上的作为林地，平原划为良田，良田与坡地之间地带划为造林隔离带，防止以后良田喷洒农药随风飘移污染茶园。一些土层瘠薄的荒地，原为屋基、坟地、渍水的沟谷地及常有地表径流通过的湿地，为非宜茶地，划为绿肥基地。一些低洼的凹地、碟形地划为鱼塘。在宜茶地区里不一定把所有的宜茶地都垦为茶园,应按地形条件和原植被状况,有选择地保留一部分面积不等的、植被种类不同的林地,以维持生物多样性的良好生态环境,防止在开垦时把原来的生态林一扫而光,变为单一色的茶园,这样并无好处。安排种茶的地块,要按照地形划成大小不等的作业区,一般以 3 300～13 300 平方米(5～20 亩)为宜,在规划时要把茶厂的位置和畜牧场位置确定好。茶厂要安排在离几个作业区中心交通方便的地方。畜牧场应安排在无公害茶园基地边角较隐蔽的地方,其规模要按每 667 平方米茶园 1 头猪的比率预计,并留好粪便无害化处理的场所。

**2. 道路网设置**

为运送青叶和茶园管理行走方便,无公害茶园必须设立多级道路网,面积大的茶场或基地应设主道、支道、步行道和环园道 4 级道路网。

(1)**主道**　主道是茶园直通茶厂和公路的交通要道,并连接各作业区,宽 8～10 米,能通汽车和拖拉机。面积小的茶园可不设主道。

(2)**支道**　支道既作茶园作业区界线,又是联系区内各地块的交通要道,宽 4～5 米,能行驶手扶拖拉机和胶轮车等。

(3)**步行道**　步行道为茶园各地块的分界线,按地形条件设立。一般与茶行垂直或形成一定斜角,宽 1.5～3 米,作采摘及管理人员步行用。

(4)**环园道**　环园道为茶园与农田、林地和外单位的分界线,与主道、支道和步行道联通,宽窄不一。

在设置道路网时要节约用地,少占良田,少设弯路,10° 以上的坡地茶园要设"S"形步行道,便于上下行走。

### 3. 水网安排

茶园建立蓄、排水网不仅关系到茶叶高产、优质,而且也关系到茶园水土保持和茶区生态环境保护,这对无公害茶园十分重要。大型茶场或面积大的无公害茶园基地,应按地形条件设立渠道、主沟、支沟、隔离沟等蓄、排水系统。

(1)渠道 渠道主要用于引水入园,排除径流等。平地茶园或缓坡地茶园可沿主道和支道设置,深度和宽度按地形、排水量和需水量而定。一般深 50~70 厘米,宽 30~50 厘米。

(2)主沟 主沟是用于连接渠道和横排(蓄)水沟的纵沟。平地茶园可与主道或支道平行设置。坡地茶园可与支道相结合,每隔数米设立拦水坝,以减缓水流,拦积泥沙。

(3)支沟 支沟是与主沟连接的横向排(蓄)水沟。平地或坡地茶园沿步行道设置,山地茶园与主沟斜交,与茶行平行。

(4)隔离沟 隔离沟设置在环园道的内侧,用于防止园外杂草、林木根系伸入茶园和水土冲进茶园。一般以深 50~100 厘米,宽 40~60 厘米为宜。

此外,暴雨较多的地区,坡度较大的茶园,要根据地形按等高线开设截洪沟,以拦截水土下山。如有必要在地下水位高的地方建园的,在低洼处要设置明沟或暗沟排水。明沟深度要超过 1 米,暗沟则要设置在 1 米以下的土层中,用石块砌成,沟上铺泥种茶。

### 4. 挖建蓄水池和积肥坑

为了便于抗旱、防治病虫害及根外施肥用水和改善生态环境,在梯地茶园和坡地茶园的上方,或者平地茶园的低洼处挖建大、中型水泥蓄水池蓄水,提水方便的茶园可设立中小型蓄水池蓄水。蓄水池要与沟、渠相通,以便引水积蓄。

此外,在茶园的地边、地角以及一些零星三角地块,要挖建积肥坑,利用山草、枯枝落叶、茶园杂草等,就地堆沤有机肥施用,增加茶园肥源。

## (二)合理开垦

茶园规划好后,绘出效果图,然后按地块逐步进行开垦,这也是无公害茶园的一项基础工作。开垦质量直接关系到以后茶树的生长和园相,在无公害茶园建设中必须予以高度重视。在开垦时必须坚持深耕改土、保持水土、保护生态、经济合理用地、节约劳力、防止土块大搬家等基本原则,并分初垦和复垦两次进行。这里先介绍初垦,复垦容后结合种植叙述。

### 1. 平地及缓坡茶园的初垦

初垦即"开山"。全年都可进行,最好在夏季和秋、冬季进行。坡度为15°以下的地块,应垦为平地和缓坡茶园。初垦较为简单,先把杂树砍伐,清除乱石,然后进行耕翻。初垦耕翻的深度必须达到80厘米以上,如果土层中有隔层,必须进行破隔。在耕翻时要把杂草翻入土中作为肥料,同时要清除草根、树蔸、暗石,尤其是一些再生能力很强的竹根、茅草根等必须彻底清除干净,否则它们会再生,给以后茶园管理带来很大麻烦。深耕后要平整土地,然后种上先锋作物绿肥,使土壤熟化,以待复垦。坡地茶园初垦速度要快,力求短期内完成,垦完后及时种上绿肥,同时要沿等高线做土埂,设土墩,埋草茬,拦水堵土,保持水土,否则会造成严重的水土流失。

### 2. 高水平梯田的初垦

对坡度为15°~30°的山坡地,为了防止水土流失,对于无公害茶园来说,一般垦为等高水平梯田为好。梯田茶园的初垦要进行清杂、测量、定线、筑梯和整地等几道工序。

(1)清杂 可按缓坡地的清杂方法进行,但陡坡地的暗石、树蔸、草根多,工作难度大,清杂要彻底,速度要快。

（2）测坡　不论做什么样的梯田,都必须对山地的坡度进行测量。测定坡度的方法很多,可用先进的测量仪,也可用自制的"三角规"(图 3-1)或照准丝测坡仪(图 3-2)等进行测量。

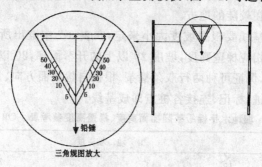

图 3-1　自制三角规测定仪

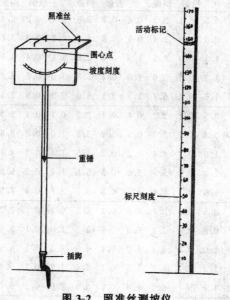

图 3-2　照准丝测坡仪

(3)定线　在筑梯前事先要定线,要定 3 种线,即基线、等高线和步行线。这 3 种线都要在开垦的坡度面上选择一个有代表性的地段来定,一般坡面均匀一致性强的选在中部,变化大的选在较陡的地方。

定基线要根据坡度大小来定,在表 3-7 中查出所需坡面宽度及相应梯壁高度,坡度 20°以上的开窄面梯,20°以下的开宽面梯,保证可种两行双条播茶。根据自然坡面方向、量斜距,逐点打桩、标记、连接各桩点即成基线。

表 3-7　坡地水平梯级茶园梯面宽度、梯壁高度参考表　(单位:米)

| 梯壁斜度 | 梯面宽 | 山地坡度 | | | | | | | | | | | |
| --- | --- | --- | --- | --- | --- | --- | --- | --- | --- | --- | --- | --- | --- |
| | | 16° | | | 18° | | | 20° | | | 22° | | |
| | | 坡面斜距 | 梯高 | 梯壁投影 | 坡面斜距 | 梯高 | 梯壁投影 | 坡面斜距 | 梯高 | 梯壁投影 | 坡面斜距 | 梯高 | 梯壁投影 |
| 75° | 2 | 2.2 | 0.5 | 0.1 | 2.3 | 0.6 | 0.2 | 2.3 | 0.7 | 0.2 | 2.4 | 0.9 | 0.3 |
| | 3 | 3.2 | 0.8 | 0.2 | 3.4 | 0.9 | 0.3 | 3.5 | 1.1 | 0.3 | 3.6 | 1.4 | 0.4 |
| | 4 | 4.4 | 1.1 | 0.3 | 4.5 | 1.3 | 0.4 | 4.6 | 1.4 | 0.4 | 4.8 | 1.8 | 0.5 |
| | 5 | 5.5 | 1.3 | 0.4 | 5.6 | 1.6 | 0.4 | 5.8 | 1.8 | 0.5 | 6.0 | 2.3 | 0.6 |
| | 6 | 6.6 | 1.6 | 0.4 | 6.7 | 1.9 | 0.5 | 6.9 | 2.2 | 0.6 | 7.3 | 3.8 | 0.7 |
| 80° | 2 | 2.2 | 0.5 | 0.1 | 2.2 | 0.6 | 0.1 | 2.2 | 0.7 | 0.1 | 2.3 | 0.9 | 0.2 |
| | 3 | 3.2 | 0.8 | 0.2 | 3.3 | 1.0 | 0.2 | 3.3 | 1.0 | 0.2 | 3.5 | 1.3 | 0.2 |
| | 4 | 4.3 | 1.0 | 0.2 | 4.4 | 1.2 | 0.2 | 4.5 | 1.4 | 0.3 | 4.7 | 1.7 | 0.3 |
| | 5 | 5.4 | 1.3 | 0.2 | 5.5 | 1.5 | 0.3 | 5.6 | 1.7 | 0.3 | 5.8 | 2.2 | 0.4 |
| | 6 | 6.5 | 1.6 | 0.3 | 6.6 | 1.8 | 0.3 | 6.7 | 2.1 | 0.4 | 7.0 | 2.6 | 0.5 |
| 85° | 2 | 2.1 | 0.5 | 0.1 | 2.1 | 0.6 | 0.1 | 2.1 | 0.7 | 0.1 | 2.2 | 0.8 | 0.1 |
| | 3 | 3.2 | 0.8 | 0.1 | 3.2 | 1.0 | 0.1 | 3.2 | 1.0 | 0.1 | 3.4 | 1.3 | 0.1 |
| | 4 | 4.2 | 1.0 | 0.1 | 4.2 | 1.2 | 0.1 | 4.3 | 1.3 | 0.1 | 4.5 | 1.7 | 0.1 |
| | 5 | 5.3 | 1.3 | 0.1 | 5.3 | 1.5 | 0.1 | 5.4 | 1.7 | 0.2 | 5.6 | 2.1 | 0.2 |
| | 6 | 6.4 | 1.5 | 0.1 | 6.4 | 1.8 | 0.2 | 6.6 | 2.0 | 0.2 | 6.7 | 2.5 | 0.2 |

**续表 3-7**

| 梯壁斜度 | 梯面宽 | 山地坡度 | | | | | | | | | | |
| --- | --- | --- | --- | --- | --- | --- | --- | --- | --- | --- | --- | --- |
| | | 24° | | | 26° | | | 28° | | | 30° | | |
| | | 坡面斜距 | 梯高 | 梯壁投影 | 坡面斜距 | 梯高 | 梯壁投影 | 坡面斜距 | 梯高 | 梯壁投影 | 坡面斜距 | 梯高 | 梯壁投影 |
| 75° | 2 | 2.5 | 1.0 | 0.3 | 2.6 | 1.1 | 0.3 | 2.6 | 1.3 | 0.3 | 2.7 | 1.4 | 0.4 |
| | 3 | 3.7 | 1.5 | 0.4 | 3.8 | 1.7 | 0.5 | 3.9 | 1.9 | 0.5 | 4.1 | 2.0 | 0.6 |
| | 4 | 4.7 | 1.8 | 0.5 | 5.1 | 2.3 | 0.6 | 5.3 | 2.5 | 0.7 | 5.5 | 2.7 | 0.7 |
| | 5 | 5.0 | 2.0 | 0.7 | 6.4 | 2.8 | 0.8 | 6.6 | 3.1 | 0.8 | 6.8 | 3.4 | 0.9 |
| | 6 | 6.2 | 2.5 | 0.8 | 7.6 | 3.4 | 0.9 | 7.9 | 3.7 | 1.0 | 8.2 | 4.2 | 1.1 |
| 80° | 2 | 2.4 | 1.1 | 0.2 | 2.4 | 1.1 | 0.2 | 2.5 | 1.2 | 0.2 | 2.6 | 1.3 | 0.2 |
| | 3 | 3.6 | 1.5 | 0.3 | 3.7 | 1.6 | 0.3 | 3.8 | 1.8 | 0.2 | 3.9 | 1.9 | 0.4 |
| | 4 | 4.7 | 1.9 | 0.4 | 4.9 | 2.4 | 0.4 | 5.0 | 2.4 | 0.5 | 5.1 | 2.6 | 0.5 |
| | 5 | 5.9 | 2.4 | 0.4 | 6.1 | 2.7 | 0.5 | 6.2 | 3.0 | 0.5 | 6.4 | 3.2 | 0.6 |
| | 6 | 7.1 | 2.9 | 0.6 | 7.3 | 3.2 | 0.6 | 7.5 | 3.5 | 0.6 | 7.7 | 3.9 | 0.7 |
| 85° | 2 | 2.3 | 0.9 | 0.1 | 2.3 | 1.0 | 0.1 | 2.4 | 1.1 | 0.1 | 2.4 | 1.2 | 0.1 |
| | 3 | 3.4 | 1.4 | 0.1 | 3.5 | 1.6 | 0.1 | 3.6 | 1.7 | 0.2 | 3.7 | 1.8 | 0.2 |
| | 4 | 4.6 | 1.9 | 0.2 | 4.7 | 2.1 | −0.2 | 4.8 | 2.3 | 0.2 | 4.9 | 2.4 | 0.2 |
| | 5 | 5.7 | 2.3 | 0.2 | 5.9 | 2.6 | 0.2 | 6.0 | 2.8 | 0.3 | 6.1 | 3.0 | 0.2 |
| | 6 | 6.8 | 2.8 | 0.3 | 7.0 | 1.3 | 0.3 | 7.0 | 3.4 | 0.3 | 7.3 | 3.6 | 0.3 |

定等高线,可用先进的水平仪测定,也可用自制的"三角规"或 U 型连通水平仪(图 3-3)来测定。用"三角规"测定时,将三角规测量器的一根竹竿插入基线的某一点上,向坡的垂直方向拉直长绳,另一根竹竿向坡的上下方移动,直至三角规垂线与顶点重合为止,用桩标出竹竿的固定点,顺此向水平方向一点一点前进,然后用石灰将各点连接,即成等高线(图 3-

4)。如用U型连通水平仪测量时,从基线某一点开始,一人将一条刻度标插入基线上,另一人在5～10米远的地方持另一条刻度标在坡的上下移动,直到两标刻度一致为止,立桩作记,顺此前进,用石灰把各桩连接即成等高线。

定步行线,陡坡茶园步行线要形成"S"形,登高的坡度以10°为妥,也可用三角规和U型连通水平仪测定,测定方法大体与测定等高线相似,只是前进方向移动的竹竿或刻度标移动后,三角规的垂线或刻度标玻璃管中的水位落在10°的地点,立桩作记,然后连接桩标即成步行线。

(4)修筑梯田 修筑梯田要求梯层等高,环山水平,大弯随势,小弯取直,外高内低,外埂内沟,层层接路,沟沟相通。无论是泥坎梯田、石坎梯田,还是草皮坎梯田,都要从坡脚开始做,采用里挖外填,将上层表土铺下层梯面,一层一层往上做,沿等高线挖开表土至心土层(图3-5)。

(5)护理 无论是泥坎梯田、石坎梯田或是草皮坎梯田都要经常护理,这是无公害梯田茶园最重要的措施之一。泥

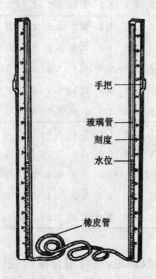

手把

玻璃管

刻度

水位

橡皮管

图 3-3 U 型连通水平仪

坎和草皮坎的梯壁要种爬地兰、紫穗槐、大叶胡枝子等多年生的绿肥及固土能力很强的知风草等。要经常清沟、补漏,发现有自然风化侵蚀和崩塌的,要及时修补。

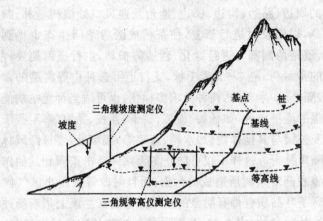

**图 3-4　测定直和等高线示意**

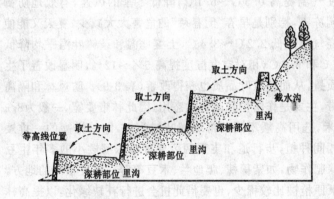

**图 3-5　梯田茶园开垦示意**

## (三)生态建设

在开垦的同时必须按原规划设计开沟、筑路,形成一个道路网络系统,使块块茶园都有路可通,处处地表径流水有沟可排。开垦后由于原来的植被和生态遭到破坏,必须按计划在茶园的周边、路边、沟边、梯边、地角及迎风口处植树造林,栽豆种草,以便及时进行修复,使茶树成龄后茶园生态也得到恢复,道路两侧都要进行绿化,营造防护林,主行道两侧要种高大的常绿树,隔3～5米1株,支行道可选种中等树型的常绿树,隔2～4米1株,树种力求多样化,也可适当种植抗病能力较强的经济树种,如杨梅、板栗、橘子、荔枝、龙眼等等。茶园风口及茶园与其他作物(如水稻、蔬菜等)接壤处,要植防风林带和隔离林带。这样不仅可防止冬天寒风袭击茶园和其他作物喷施农药对茶树所造成的污染,而且对改善茶园小区气候和提高茶叶品质也都有明显的效果。据浙江兰溪上华茶场种植防护林的试验(表3-8),茶园种植各树种的防护林之后,冬季能使气温提高 0.5℃～5.1℃,降低冬季的风速,有效地防御茶园冻害,特别是早春"倒春寒"的危害大大减少,夏天又能使最高气温降低 2.2℃～3.4℃,土壤地温和茶树叶温平均降低1.7℃和 6.7℃,相对空气湿度提高 5%～12%,明显改善了生态质量,从而使茶叶品质也获得改善(表3-9)。防风林和隔离林带,主要是作防护和改善生态用,因此林带要宽,一般为8～12米,选用高矮不同的常绿阔叶树为主,即一排高的一排矮的相间种植,步行道和支渠两旁要种植株型矮小的多年生豆科绿肥作物,如紫穗槐、爬地兰、木豆等等。坡度很陡的地方,如果原植被比较稀少,也要借此机会进行补缺绿化,以提高林木覆盖率。列为种茶计划内的地方,在开垦时如遇到个别大树、名贵树种,或有保留、观赏和繁育价值的树,应予以保留,并设法加以保护和培育好,千万不能一扫而光。对于南方大叶茶地区,因天气炎热,直射光强,可选用耐病虫的适宜树种作遮荫,一方面可净化空气,另一方面可改善茶园小气候条件。平地和缓坡茶园,种植遮荫树以不影响茶树生长为原则,一般间隔 10～15 米种 1 株,阳坡密,阴坡稀,可呈三角形或梅花形排列。遮荫度控制在 25％～30％以内。树种应选用根深、树冠宽大、叶片稀疏、冬天落叶、少病虫的树种,如台湾相思、大叶合欢、托叶楹、银杏、泡桐等等,也可选用当地经济作物树种。在低洼积水的地方,最好挖塘蓄水养鱼,美化茶园,改善生态,做到生物多样化,生态立体化,环境优美化。总之,无害化茶园开垦必须与生态建设同步进行,保证茶树从幼年期开始,处于良好的生态条件下生长,不使它受到外来的污染。尤其是对绿色食品茶和有机茶基地的生态建设尤为重要。

表 3-8　防护林对茶园小气候的影响

| 防护林带 | 气温(℃) | 地温(℃) | 叶温(℃) | 相对湿度(％) |
|---|---|---|---|---|
| 无防护林 | 40.2 | 33.1 | 44.5 | 50 |
| 杉木防护林 | 37.1 | 31.4 | 36.5 | 59 |
| 檫树防护林 | 36.8 | 31.2 | 37.3 | 55 |
| 檫树杉木混交林 | 38.0 | 31.5 | 39.5 | 62 |

(姚永斌,1992 年)

表 3-9　防护林对茶树新梢生育状况及品质成分的影响

| 防护林带 | 百芽重(克) | 新梢密度(个/米²) | 正常芽叶(％) | 氨基酸(克/百克) | 咖啡碱(克/百克) | 茶多酚(克/百克) | 酚氨比 |
|---|---|---|---|---|---|---|---|
| 无防护林 | 22.97 | 545.4 | 36.7 | 1.62 | 3.24 | 28.3 | 17.5 |
| 杉木防护林 | 27.05 | 603.0 | 40.4 | 1.67 | 3.54 | 27.4 | 16.4 |
| 檫树防护林 | 28.60 | 633.6 | 43.2 | 1.86 | 3.38 | 26.6 | 14.3 |
| 檫树杉木混交林 | 28.93 | 679.5 | 46.5 | 2.14 | 3.74 | 25.4 | 11.9 |

(姚永斌,1992 年)

## (四)科学种植

### 1. 种植前的复垦

我国大多宜茶土壤为饱和硅铝土和富铝化土壤,表土层浅薄,有机质含量低,心土层僵硬,肥力低下,初垦后土层被打乱,心土层被翻到表层后往往要经过一段时间的风化和下沉,因此,初垦后一般不宜立即种茶,要先种一季根深耐瘠的绿肥,这种绿肥被称之为"先锋作物"。春播的有大叶猪屎豆、柽麻、大绿豆、田菁、石决明等,秋播的有肥田萝卜、箭筈豌豆(大巢菜)等。通过这些绿肥的种植和翻埋,可促进生土的风化,加速土壤熟化。在翻埋绿肥的同时对土地进行复垦,进一步清理初垦时未清完的草根和乱石,填补土壤自然下沉的低洼地方,使茶地平整,然后再种茶。种植先锋作物进行复垦,促进土壤熟化,提高土壤肥力,对于绿色食品茶和有机茶生产极为重要,由于这些茶园不施化肥和除草剂,茶树生长主要依靠有机肥和土壤基础肥力来维持生长。如果原来土层较深,土壤基础肥力较好,并经一般无公害茶园的初垦后,可不种先锋作物,初垦、复垦一次完成。但开垦后的土壤也不宜立即种茶,要经过 1～2 个月的自然下沉后进行 1 次平整,然后再种茶。

## 2. 确定种植密度

种植密度对于无公害茶园极为重要,它不仅关系到种植时茶苗的数量,主要是关系到成园后优质、高产、高效益的持续时间和茶园管理的方便性。一般中小叶种的无公害茶园宜采用双行条播为妥,株距和小行距 33 厘米,大行距 150 厘米,每穴种苗 2 株,每 667 平方米茶园需苗 5 000～5 500 株,如用种子播,每 667 平方米需种子 13 千克,成园快,优质高产持续时间长。如果苗木数量缺少,使有限的苗木能多开发茶园,也可采用单行条播,株距 33 厘米,行距 150 厘米,每穴种 2～3 株苗,每 667 平方米需 3 000～4 000 株苗,如用种子直播每 667 平方米需种子 5 千克左右,但成园时间比同年双行条播要迟。如果为加速成园,茶苗比较充足,可采用 3 条密植条播,株距和小行距 30 厘米,大行距 170 厘米,每穴种 1～2 株,每 667 平方米需 10 000～12 000 株苗,如用种子直播需茶籽 17～19 千克,成园快,但优质高产持续时间短,并需要较好的土壤基础肥力和优良的肥培管理措施。南方大叶茶地区因茶树树体高大,一般宜单株种植。不同的密度和种植方式各有优缺点,也有不同的适应性,要按当地的具体条件自行选择。一般基础肥力好、管理水平高的可采用密式种植,基础肥力差的宜采用稀式种植。另外,气温低的地区可采用密式播,气温高的地区宜采用稀式播。此外,坡度大的也可适当选用密式播,坡度小的和平地茶园可适当选用稀式播等等。

### 3. 划线定位

作为无公害茶园,不仅无公害,而且园相要美观,茶行要整直,适宜机械化管理,茶行布置要节约用地,因此,无论是茶籽直播或是茶苗移栽,在播种和移栽前都要事先划线定行。平地茶园的茶行尽可能与干道或干渠平行,并从地块最长的一边开始,离园边划出第一条种植线作为基线,以后按种植方式依次划出其他种植线。缓坡茶园先要在横坡最宽的地方按等高划线,环山而过,遇陡断行,遇缓加行。梯田茶园应沿梯边等距划线,基线距梯边 50～100 厘米,由外向里定线,最后一行离山边隔离沟 50～100 厘米。遇宽加行,遇窄断行。行线定好后,按种植密度在行线上用石灰或白云石粉标出种植点。种植点即为栽植茶苗或播撒茶籽的位置。

### 4. 种 植

种植质量与以后茶苗成活关系密切,也关系到成园时间和产量的形成。茶苗移栽种植的,要抓好苗木选择、起苗和栽种 3 个环节。一定要选择符合《GB11767－1989》国家标准的 Ⅰ,Ⅱ 类苗来移栽,但要待地上部生长停止时才能起苗。外调茶苗一定要带土起苗,根系用湿泥浆包糊,茎叶要洒水后用湿草包裹才能起运。当地用苗要带土移栽,边起苗、边栽种。长江中下游广大茶区在 10～11 月份移栽成活率最高,其次是 2 月下旬至 3 月中旬,3 月下旬后一般不宜移栽。在高山和江北茶园,尤其是土壤容易结冻的地区,因气温较低,一般以 3 月中下旬移栽成活率较高。

茶苗移栽时按划定的茶行挖种植沟,沟深 35～40 厘米,沟宽 25～30 厘米,施好基肥,土肥相融后再加土,然后种苗。每定植点种 2～3 株,根系舒展,泥门平土,层层压实,种后浇水。用种子繁殖的有性苗主根太长的可以剪短,移栽时不要将根系直接与肥料接触,防止烂根(图 3-6)。栽后及时修剪,留 15～20 厘米高,防止蒸发失水过多,有利于成活和保齐苗。

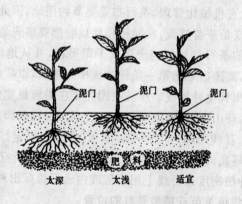

**图 3-6 茶苗移栽示意图**

如是用茶籽直播,冬春两季都能进行。冬播出苗早,又可节省茶籽贮藏的麻烦和开支,缺点是受天气影响较大,遇冬旱和土壤冰冻影响出苗率。在长江中下游广大茶区 11 月中旬至 12 月份均可播种。具体做法是:按划定的茶行线开好播种沟,沟深 25～30 厘米,宽 20～30 厘米,沟底挖松,每 667 平方米施经无害化处理过的堆肥或厩肥 2 000～3 000 千克,或者施经堆腐的菜籽饼肥 100～150 千克,施肥后加土混合使土肥相融,然后再加土至离地表 4.5～5 厘米,在标定种茶的位置播 3～5 粒种子,盖土稍压实。播种时不要使茶籽与肥料接触或靠得太近,以防烂种、烂根。播种后在播种沟上铺一层稻草,防止冬天土壤水分蒸发和结冰,翌年春揭开稻草,以利于出苗。春播的茶籽最好经过催芽后再播。长江中下游广大茶区春播宜在 3 月上旬,偏北茶区可推迟到 3 月下旬至 4 月上旬。华南茶区要提早到 2 月中旬至 3 月初,如有春旱的地区,一般不宜在旱季移栽和播种,可推迟到雨季栽种或播种,总之,要因地制宜,灵活掌握。

**5. 保苗措施**

茶苗出土和移栽后,必须保证成活,成活率越高,将来成园越快,缺株断垄越少,园相也就越好,产量和效益也就越高。出土和移栽后,当年小苗抗性很低,保苗主要应抓好浇水抗旱、遮荫防晒、根际覆盖三大措施。

(1)**浇水抗旱** 移栽茶苗根系损伤大,移栽后必须及时浇水,以后每隔 3～5 天浇 1 次水,浇到成活为止。在长江中下游广大茶区,每逢 7～8 月份是“伏旱”季节,云南和山东春季也是干旱季节,最易使茶苗受旱,切勿让土壤干旱而使茶苗脱水。无论是直播茶苗或是移栽茶苗,有人工灌溉或自流灌溉条件的必须灌溉,没有灌溉条件的,必须担水勤浇,保持土壤湿润。灌水或浇水抗旱必须在旱季到来之前进行。成活后,作一般无公害茶园的,可适当施一些发酵过的稀薄人粪尿,作绿色食品茶和有机茶园的,可施经颁证的稀氨基酸液肥和经无害化处理过的堆、沤肥液,以提高苗期的抗旱能力。

（2）**遮荫防晒**　茶树是喜湿、耐阴作物。在幼苗期由于茶园防护林、行道树和遮荫树等都未长成，生态条件差，相对湿度小，夏天强烈阳光照射和高温干旱会使茶树叶子灼伤，严重的会使整株茶苗晒死，在"伏旱"季节表现更为明显。无论直播还是移栽的茶苗，在出土和移栽的头一二年的高温季节必须进行季节性遮荫。具体做法是：用新鲜的松枝、杉枝和稻草、麦秆等扎成束，插在茶苗的西南方向，挡住 10～15 时的阳光。高温干旱季节过后，及时拔除遮荫物。

（3）**根际覆盖**　根际土壤覆盖是防止根际土壤水分蒸发、保墒蓄水最好的一种方法，也是节水农业的有效农艺措施之一。据有关单位试验，旱季根际铺草，茶苗成活率提高 33%，苗高增加 5～10 厘米，茶苗生长良好。根际覆盖的材料，绿色食品茶园和有机茶园应以山草、绿肥为主，一般无公害茶园可采用稻草、麦秆、绿肥等。具体做法是：在茶苗根颈两旁根系分布区，覆盖宽 20～30 厘米、厚 5～10 厘米的覆盖物，上面再压碎土。在高山或离水源较远、供水困难的茶园，更应大力采用。凡秋冬移栽的，应在秋冬移栽结束后立即覆盖，以起到抗寒保温的作用。其他时间播种和移栽的茶苗，必须在干旱季节到来之前覆盖好。

除了保苗之外，间苗和补苗也十分重要。因为，种子直播的茶园受种子采收、保存、处理和播种技术等因素的影响，茶籽出苗和成活率各不相同，每穴所播的 4～5 粒茶籽可能全部发芽出土成苗，也可能部分发芽出土成苗，出土的茶苗生长参差不齐，差异极大。为了确保茶苗质量和整齐一致，必须进行间和补苗。穴中有 4～5 株茶苗的，密度过大，影响个体生长发育，要留优汰劣，把生长较差的拔除，被拔除的苗如是健壮的，仍可作补苗用。一些不足 2～3 株苗的种植穴，要补苗，补苗和间苗要在播种后翌年春天或秋冬进行,不能等茶苗长到3~4龄时再间苗和补苗,这时茶苗大了不易成活,而且这时补苗和间苗容易伤害原来生长的茶苗。实践证明,茶苗大了补苗,有老苗欺新苗、大苗欺小苗的现象,被补的茶苗一直处于劣势,生长不良。另外,在间苗或补苗时,要注意不要伤害穴中原来茶苗的根系。移栽茶园也会产生缺苗现象,必须在移栽后的第二年用同龄茶苗将其补齐。

由于某种原因缺苗比较严重,缺株率超过 30%以上时,可采用并园的方法,即把缺株较严重茶园的茶苗拔出并在一起,便于管理。被挖的空缺地块,重新播种或移栽,以保证不同地块茶苗生长一致。

# 四、树冠培育

茶是采叶作物。茶的经济产量来源于茶树的蓬面,无论是一般无公害茶园或是绿色食品茶园或是有机茶园,培养庞大的树冠,茂密的枝条,形成面积宽广、芽叶密集、采摘方便的采摘面是茶叶树冠管理的主要任务。各种形式的修剪是培养良好树冠的重要手段,其中尤以定型修剪最为重要,它是各种修剪的基础。

## (一)定型修剪

茶树具有明显的顶端生长优势,如不修剪,任其自然生长,则主干枝长势强,生长快,侧枝相对长势弱,生长慢,将成为塔形生长,形成纺锤形树形,不仅采摘不方便,而且枝疏叶散,叶层薄,采摘面小,产量低下。经科学研究和生产实践表明,优质高产高效益茶园,树高以 70~90 厘米,树幅以 120~140 厘米,树冠覆盖度在 80%~90%,叶层以 10~20 厘米,叶面积指数在 3~4 之间为最好。为了达到这一目标,茶树主要骨干枝必须粗壮有力,分布匀称,分枝层次多且清楚,生长枝多且生长健壮而茂密。这必须从茶树幼龄开始进行修剪。因为幼龄茶树可塑性强,最容易接受人为措施改造,使其生长发育向有利于人们栽培的方向发展,所以无论任何一种无公害茶树都必须从幼龄开始进行修剪。幼龄茶树定植后的第一次修剪称定型修剪,在长江中下游地区广大中小叶种的茶树,一般要通过 3 次定型修剪后才能逐步达到优质高产茶树所要求的树冠目标。

## 1. 第一次定型修剪

一般灌木型的中小叶种茶树,凡 2 足龄时高达 30 厘米以上,离地 5 厘米处的主茎粗达 0.3 厘米以上,并有 1~2 个分枝的茶树,都可进行第一次修剪。树高不到 30 厘米的一般不宜修剪。有些茶苗生长快、长势明显,1 足龄已超过 30 厘米的,也可以开剪。一般中小叶种灌木型茶树,第一次定型修剪的高度以将离地 15~20 厘米处剪去为宜,可用整枝剪剪去主茎 15~20 厘米以上的枝条,留下侧枝(图 3-7)。修剪时间,在长江中下游广大茶区以春剪为宜,一般以 2 月中旬至 3 月初为好。偏北茶区和高山地区,因气温低,可适当推迟。对于生长缓慢、未能达修剪标准高度的茶苗,可推迟到 5 月中下旬春茶结束后再剪。修剪后立即施肥,剪后当年留养,切勿采摘。

## 2. 第二次定型修剪

茶苗第一次定型修剪后,经过 1 年的生长,在正常管理条件下,一般都可长到 70 厘米以上。高达到 55 厘米以上的苗都可进行第二次定型修剪,不到 55 厘米的,要待长到 55 厘米后再剪。第二次修剪高度可在第一次定型修剪的剪口上提高 15~20 厘米,即剪去离地 30~40 厘米以上的枝条(图 3-7)。

这次修剪应用篱笆剪按修剪标准水平剪,包括侧枝也要剪去,

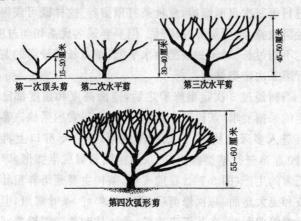

第一次顶头剪　第二次水平剪　第三次水平剪

第四次弧形剪

**图 3-7　中、小叶种茶树定型修剪示意**

剪后立即施肥。修剪时间与第一次修剪一样,为 2 月中下旬至 3 月初为宜,早芽种早剪,迟芽种晚剪。同样,剪后当年切勿采摘茶叶,待秋后可适当打头采,采去一部分鲜嫩芽头,以作名优茶。另外,也可促使秋梢老化,有利于越冬。

### 3. 第三次定型修剪

茶树经过两次定型修剪之后,已有一定的树冠幅度,但仍未具备采摘要求,需进行第三次修剪,进一步控制顶端生长优势,促进侧枝生长来扩大树冠面积。一般在正常管理条件下,茶苗经过两次定型修剪之后,第三年茶树可长到 80～100 厘米。这次修剪可在第二次剪口上提高 15 厘米,即用篱笆剪剪去离地面 45～55 厘米以上的所有枝条,蓬面剪成水平型即可(图 3-7)。另外,再用整枝剪剪去个别向行间伸展突出的枝条。同样,剪后立即施肥,春茶留养。如果土壤肥力基础较好,茶树长势十分旺盛,为了提高经济效益,这次修剪可采用早采

茶迟修剪的方法,即在开春后先采几批名优茶,约 20 天以后再进行第三次定型修剪,夏秋茶打顶留养。这样既可获得一定的经济效益,也可培养好树冠。但早春采名优茶切勿过度,时间也不能过长。对于一些肥力水平低、茶树长势较弱的茶园不可行第三次定型修剪。

茶树经过 3 次定型修剪之后,蓬面高度和幅度都已达到一定的采摘要求,茶树到 5 足龄,可进入正常的采摘。春茶前期可进入多采名优茶、中期提早结束,在去年剪口上再提高5~10 厘米进行整型修剪,把茶丛蓬面修剪成半弧形,即可投入正常的生产(图 3-7)。在前 5 年,茶树主要是培养粗壮的骨架枝和庞大蓬面。每次修剪后,茶树长势好,茶叶鲜嫩,但切不可只贪眼前利益,在茶树未成龄、骨架枝和蓬面都没养好时就采茶,那样将会成为未老先衰的茶树。无论是对于任何一种无公害茶园,定型修剪都是极为重要的,一定要着眼长远,扎扎实实地做好这项基础工作。

对于我国南方茶区,尤其是南亚热带和热带的大叶种茶地区,因气温高,雨水充沛,生长期长,茶树生长快、长势好,无论是乔木型或半乔木型的大叶种茶树顶端优势均强,主干生长特别快,这些茶树可采用分段修剪定型。当茶苗生长到离地5 厘米处的主茎粗 4~5 毫米并有 7~8 片叶子,茎干已木质化或半木质化,顶端停止生长时,在离地 15 厘米处进行第一次定型修剪。待新发的枝条长到 20~30 厘米,茎粗 0.3~0.4厘米,并有 2~3 个分枝时,开始逐步分段修剪。剪口以分枝杈口为起点向上延长 8~12 厘米,进行主干低剪(向上延长 8~10 厘米,顶端优势特强的品种,只延伸 7~8 厘米),侧枝高剪(向上延长 10~12 厘米),同一枝条 1 年可剪 2~3 次,形成2~3 层分枝。经过 2 年分段修剪,使茶树形成 4~6 层分枝,骨架粗壮,分枝密而均匀,树冠达到45~55厘米。再在此基础上,经过1~2次提高5~10厘米的水平剪,树冠便可形成并投入生产。

幼龄茶树定型修剪,必须选择晴朗的天气,雨天不能修剪。修剪时,剪口必须平整、光滑,不能以采代剪、以折代剪。修剪时要注意剪口离下位腋芽约5毫米,保留外侧芽,使所发的枝条向外伸展。修剪后要加强肥培管理,使伤口早日愈合。

对于江北低温茶区,如山东等地,因气温低,冻害严重,春天又遇干旱,常常采用降低树冠高度和减少叶面蒸发失水的方法来提高茶苗抗旱能力,减少受冻面积,把修剪时间提前到9月下旬进行,也是可取的,但必须做好越冬的防冻工作。

## (二)轻修剪

茶树通过定型修剪之后,进入了正常的采摘阶段,经多次采摘,多次留叶,树体不断升高,树冠也不断扩大,不仅给管理和采摘带来极大的不方便,而且由于树冠分枝层不断增多,营养分散,分枝变细,茶树生机减退,发芽能力下降,产量降低。这时要通过轻修剪控制茶树高度,塑造高产、优质的树型。轻修剪主要是剪去茶树采摘面上生长细弱的枝条和生长突出的枝条,以利于调节茶蓬分枝结构,平整茶树蓬面、集中养分,激发新生枝条生长,促进多发芽、发壮芽,达到提高青叶内质和产量的目的。据杭州茶叶试验场连续8年的试验结果,成龄茶树年年轻修剪比不修剪的年平均增产7%,品质也明显改善,尤其春茶品质提高最为明显。

无公害茶园的轻修剪,其修剪深度一般控制在剪去蓬面细弱枝条的5厘米左右为宜。大叶种茶树因长势旺,生长季节长,可稍剪深一点,中小叶种茶树可适当剪浅一点;年龄大的茶树可剪深一点,年轻的茶树可剪浅一点。修剪时间和修剪周期要因地因树制宜。一般投产已久的中老年茶树可年年修剪，投采不久的青壮年茶树可隔年修剪。另外，南方乔木和半乔木型的茶树，因生长快，也要年年进行轻修剪才能控制茶树在一定的高度。在年生长周期中，具体的修剪时间要根据当地具体条件而定，在长江中下游广大地区，以产大宗茶为主的，应在春茶前约2月底3月初修剪，早芽种早剪，迟芽种晚剪。如是以采名优茶为主、名优茶和大宗茶兼顾，春茶前修剪会推迟采名优茶时间，影响春茶的经济效益，应在春茶后修剪。只采春茶，夏、秋茶不采的，因夏、秋留叶多，叶层厚，养分消耗也大，应在秋后修剪，有利于翌年春天早发。

（三）深、重修剪

茶树经过几年采摘、留叶和轻修剪之后，蓬面再度增高，细弱分枝进一步增多，这种细弱枝条结节多，并有回枯现象，就像鸡爪一样，群众称它为"鸡爪枝"。它输送养分困难，生机衰退，发芽能力减弱，因此，芽叶叶张逐步变小，厚度变薄，对夹芽逐步增多，产量和品质也逐步下降，这时必须进行一次比轻修剪更深的修剪，剪去这批鸡爪枝，恢复并提高茶树的发芽能力。深修剪的深度一般以剪去鸡爪枝为原则，即蓬面上15～20厘米。深修剪一般安排在春茶后立即进行，夏茶留养，秋茶轻采，秋后打头过冬，第二年产质可以明显提高。在进行深修剪的同时，还要对茶行进行修边，一方面可剪去行边无效枝条，使养分更为集中，另一方面也可疏通行间，增加空气流通，减少病、虫害，有利于田间管理操作。但是必须指出，深修剪虽是一种茶树恢复树冠的措施，但对茶树自身生长来讲是一次创伤，等于给茶树动了一次"手术"，为了使它及早恢复生长，修剪之后必须加强肥培管理，尤其是作绿色食品茶和有机茶的必须严格按照要求增施有机肥，同时把修剪下来的枝叶铺在行间,防止因修剪后扩大空间而促使杂草生长。

深修剪可 4～6 年进行 1 次,要看树冠和肥培管理而定,树龄轻的可间隔时间长一点,树龄老的可间隔时间短一点。绿色食品茶园和有机茶园如果病虫多,无法用生物防治和生物农药控制时,也可临时采取修剪的方法,把病枝剪去,统一集中烧毁,防止进一步扩大和蔓延,然后通过一定措施进一步加以防治。

茶树保持较高经济效益的年限总是有限的,经过多次采摘、轻修剪和几次深修剪之后,树冠的恢复能力一次比一次差,最终逐步步入衰老阶段。如再采取深剪的方法,效果不大,这时就必须采取重修剪方法使它复壮。

需要重修剪的茶树,一般树龄都比较大,地上部的分枝能力已明显减弱,或者茶树树龄虽然不很大,但由于过度采摘或前期管理不善,致使茶树未老先衰,树势衰退,分枝能力下降,这种茶树也必须进行重修剪。重修剪必须剪去树冠的 1/3 至 2/3 的枝条,即离地 30～40 厘米以上均进行修剪。修剪时间一般在春茶采摘后进行,剪口要平整光滑,不能开裂。修剪后要适当清枝,对个别的枯死枝、细弱的地蕨枝、徒长枝、苔藓严重寄生枝及病枝等要用整枝剪剪去,清除茶蔸里的枯枝烂叶,剪后要及时深耕并施有机肥。修剪后当年抽发的新梢不采摘,留到秋后或翌年春茶前在重修剪的剪口上提高 10 厘米剪去所有的枝条,春茶和夏茶等到新梢停止生长时打头,秋后或翌年的春茶前再在上年剪口上提高 10 厘米修剪。经过二次修剪后,茶树高度达到 60～70 厘米,树冠幅度恢复到 80～90 厘米时,便可投入正式采摘。开始采摘时,仍要注意留养结合,切勿强采。

## （四）台　刈

　　茶树经过几次深、重修剪之后，无论是一般无公害茶树或是绿色食品茶树和有机茶树，最终将步入衰老状态，枯枝多，营养枝生长衰弱，花果多叶稀，芽少，病虫多，地蕻枝多，出现明显的两层式树冠，这时只有采取台刈的方法使它复壮。

图 3-8　衰老茶树台刈示意

　　茶树台刈方法简单，在春茶前或春茶即将结束时，用台刈剪或柴刀，离地表 5～6 厘米处剪（砍）掉地上部所有枝条（图 3-8）。台刈时剪（砍）口一定要平整，桩头不能破碎，否则会霉烂、坏死，影响新梢抽发。树蔸里的枯枝烂叶要清挖干净，根颈部要清洁，使空气流通，有利于不定芽抽发。台刈与重修剪一样，要加强肥培管理，及时施肥。复壮期间基肥、追肥用量要比常规用量增加。在台刈改造树冠的同时，应在行间全面深耕，通过深耕，疏松土壤，更新、复壮根系。茶树根与树干一样也有较强的再生能力，被耕断的老根伤口愈合能再生许多新根，这些新根吸收能力强，它们的生长有利于茶树对养分的吸收利用和恢复生机。但深耕必须施有机肥才能促进新根发生，同时也借此机会进一步改良土壤，提高肥力。据安徽茶叶研究所试验，衰老茶树台刈加深耕使根系更新，比只台刈不深耕的两年后平均增产 25% 左右，茶叶品质也有很大提高。台刈和深耕后，根颈部逐步抽发许多新枝条，其中有的长得粗壮强盛，有的长得细小脆弱，这时要注意疏枝，剪去细弱枝，保留强壮枝,使养分集中,加强健壮枝条的正常生长。这些枝条当年生长结束后于离地表 30～35 厘米处修剪,以后每年在上次的剪口上提高 10 厘米处修剪。台刈后新发的枝梢生长力强,叶肥、芽壮,这时不能见芽就采,从第三年开始,可适当留叶采芽,但要采高留低,到第四年才能正常采摘。这是决定台刈改造成败的关键。

# 五、土壤管理

茶树喜欢酸性土,富铝化作用强,酸、粘、板、瘦成为大部分茶园土壤的共性。作为无公害茶园,尤其是绿色食品茶园和有机茶园,不仅要尽量选择自然肥力高的土壤,而且在生产过程中要加强土壤管理,不断保持和提高土壤肥力,保证茶树在不用或少用人工合成化学物质的条件下正常健康地生长,实现高产、优质、高效益。无公害茶园的土壤管理内容主要有土壤覆盖、耕作松土、行间饲养蚯蚓、施白云石粉改土、间作绿肥等内容。

## (一)土壤覆盖

### 1. 土壤覆盖的优点

茶园土壤覆盖优点很多,首先它可以减缓地表径流速度,促使雨水向土层深处渗透,既可防止地表水土流失,又可增加土层蓄水量,起到保水抗旱的作用。

作为无公害茶园,尤其是绿色食品茶园和有机茶园,一般都地处山区或半山区的不同坡地上,都受到不同程度地冲刷,如不加制止,即使是土层深厚的茶园,由于表土逐步被冲刷,有效土层变浅,心土层曝露,肥力下降,茶根裸露,也会使茶叶产量低、品质差。所以,一般冲刷较严重的跑水、跑土、跑肥的

"三跑"茶园是无法进行无公害茶生产的。防止茶园水土流失是无公害茶生产过程中土壤管理的首要任务。防止茶园水土流失的方法很多,如等高种植、因地制宜修筑各种梯田、开设隔离沟、截水沟及间作绿肥等等。但效果最好的是茶园行间铺草。

据中国农业科学院湖南祁阳红壤站的研究,茶园行间铺草,地表径流速度比不铺草的可减低 90% 以上,因此茶园中水量流失和土壤流失明显减少(表 3-10)。尤其是幼龄茶园,行间空间大,土壤裸露,最易受冲刷,只要土壤稍加覆盖,便能收到良好效果。据杭州茶叶试验场试验,坡度为 5° 不铺草的幼龄茶园,3 年平均每年每 667 平方米土壤冲刷量高达 3 277千克,如果行间每年每 667 平方米铺 1 500 千克干草,3 年平均每年每 667 平方米冲刷量减少到只有 226.2 千克,减少了93.1%。坡度为 20° 的茶园,在不铺草的情况下,3 年平均每年每 667 平方米土壤冲刷量高达 11 355.2 千克,如果行间每年每 667 平方米铺草 1 500 千克,3 年平均冲刷量只有 1 603.3千克,减少了 85.8%。可见,幼龄茶园铺草对防止水土流失效果十分良好。

其次,茶园铺草可以抑制杂草生长。幼龄茶园和生长势差、树冠幅度小的茶园,行间空间大,为杂草生长提供了良好条件,茶园行间铺草,杂草受铺草抑制,见不到阳光,可抑制杂草的生长。据杭州茶叶试验场对丛栽茶园的调查,茶园铺草后在 7～8 月份每平方米的杂草总数只有 63 株,而没有铺草的对照茶园却高达 1 089 株,是铺草茶园的 17 倍。可见茶园铺草是以草治草的好方法,是无公害茶园,尤其是绿色食品茶园和有机茶园杂草生物防治的好办法。

表 3-10　茶园生草覆盖对保护土壤资源的效果

| 处　理 | 年降水量（毫米） | 水分流失（毫米） | | 土壤流失（千克/667 米²） | |
|---|---|---|---|---|---|
| | | 地表径流 | 效　果 | 表土损失 | 效　果 |
| 裸　露 | 1117.30 | 226.30 | 100.0 | 3158.9 | 100.00 |
| 生草覆盖 | 1117.30 | 24.70 | 10.9 | 80.4 | 2.52 |

（蒋华斗，1991 年）

第三，茶园铺草还可以增加土壤有机质，有利土壤生物繁殖，提高土壤肥力。据对浙江金华地区低丘红壤茶园铺草的研究，幼龄茶园经过几年铺草后，土壤有机质、微生物总数及有效氮、磷、钾等都明显增加（表 3-11），大大提高了土壤肥力。

表 3-11　茶园土壤铺草对土壤肥力的影响

| 处　理 | 有机质（克/千克） | 有效养分（毫克/千克） | | | 微生物数（百万个/克） |
|---|---|---|---|---|---|
| | | 氮 | 磷 | 钾 | |
| 铺　草 | 24.5 | 200 | 10.6 | 200.4 | 7.3 |
| 对　照 | 19.7 | 125 | 4.0 | 146.2 | 0.28 |

（许允文，1995 年）

第四，茶园铺草还可以稳定土壤的热变化，夏天可防止土壤水分蒸发，具有抗旱保墒作用，冬天可保暖防止冻害。据河南省桐柏茶场茶园铺草试验，每年 11 月份在茶园行间铺干草 2 000 千克，冬季 1 月份土温比不铺草的提高 1℃～1.3℃，夏季铺草，茶园土温比不铺草的低 4℃～8℃。又据山东日照地区试验，冬季茶园铺草是防止土壤结冻、减少茶树冻害的良好方法。此外，茶园铺草后，还可降低采茶期间采茶人员对土壤的踏实强度，起到保护土体良好构型的作用（表 3-12）。因此，茶园行间铺草可一举多得，是无公害茶园，尤其是绿色食品茶园和有机茶园最重要的土壤管理措施。所以，无公害茶园必须确实做好茶园行间铺草工作,以便取得良好的生产效益。

表 3-12　茶园铺草对茶叶产量和品质的影响

| 处　理 | 茶叶产量 | | 鲜叶品质(克/千克) | | | |
|---|---|---|---|---|---|---|
| | 千克/667 米² | % | 氨基酸 | 茶多酚 | 咖啡碱 | 水浸出物 |
| 铺　草 | 71.9 | 120.8 | 19.4 | 245.9 | 21.2 | 376.0 |
| 对　照 | 59.5 | 100.0 | 18.1 | 188.5 | 18.6 | 325.0 |

**2. 铺草选择和处理**

用作无公害茶园土壤覆盖的有机物料很多,如山草、稻草、麦秆、豆秸、绿肥、蔗渣、薯藤等等都可以。但最好以山草等为主,它不含农药,没有受化肥等化学物质的污染,属自然生长的天然物。但山草常常带有许多病菌、害虫及种子等,如不加适当处理,往往会把病菌、害虫和草种带入茶园,增加茶树的病、虫、草害,因此,要做必要的处理。山草处理方法:一是曝晒,二是堆腐,三是消毒。

(1)曝晒处理　把收割下来的各种山草先在晒谷场铺成约 30 厘米厚的草坪,让阳光自然曝晒,利用阳光中的紫外线杀死病菌,同时一些害虫也因曝晒而自然死亡。如为已结实的山草,还要用耙子敲打,使种子脱落,然后再送到茶园作土壤覆盖物。

(2)堆腐处理　利用茶园地边、地角处,将山草与 EM 菌液(后文详细介绍)或自制的发酵粉等堆腐,一层山草,喷洒一层菌液,使其发酵,利用堆腐时的高温把病菌、病虫及种子杀死,然后把还没有完全腐解的草料铺到茶园中。

(3)石灰处理　在没有日光的阴天或没有 EM 菌液和自制发酵液接菌堆腐时,也可以采用石灰水消毒。就是把割下收集的鲜草堆放在茶园地边地角处,然后喷洒 5%的石灰水堆放一段时间后再搬到茶园。这样也可减少山草病菌对茶园的污染。如果是采用农作物的秸秆,如稻草、麦秆、豆秸、薯藤、甘蔗渣等等,要注意这些材料中是否含有较高的农药残留物等,如果含有农药残留物则不能使用。除一般无公害茶园外,成龄采摘的绿色食品茶园和有机茶园,一般不能用喷洒过农药的农作物秸秆。但对于幼龄茶园可以用,因为这些农作物秸秆虽含有一定量的残留农药,但铺到茶园后在腐烂过程中会逐步降解,待幼龄茶树成龄可采茶时,这些农药也已降解得差不多了,不会对茶叶构成太大的污染。

### 3. 铺草方法

铺草的主要作用是防止水土流失和杂草生长,因此,必须在造成水土严重流失和杂草旺盛生长前铺好。在长江中下游广大茶区,一般应在春茶后梅雨前铺好,秋、冬结合深耕翻入茶园作肥料。北部茶区及高山气温低土壤易结冻的茶园,可以在7~8月份铺草,待翌年春茶前结合施肥将草翻入茶园作肥料。新垦地的移栽幼龄茶园,无论是秋季10月份移栽或是春天2月底3月初移栽,都必须在移栽结束后立即铺草。

铺草要有一定的厚度,一般要求在8厘米以上,以铺草后不露土为宜。一般成龄采摘茶园每667平方米铺干草不少于2 000千克,幼龄茶园不少于3 000~4 000千克。有条件的则多多益善。

平地茶园可将铺草直接撒放在行间,坡地茶园应在铺草上压放一些泥块,以防止铺草被水冲走。对刚刚移栽的幼龄茶园,铺草应紧靠根际,防止根际失水造成死苗,起到保苗的作用。总之,茶园铺草方法应因地制宜进行。

## (二)耕作松土

### 1. 耕作松土的作用

茶园耕作不同于大田,茶园耕作有利也有弊。利表现在以下几个方面。首先,成龄采摘茶园1年要进行多次采摘,对土壤多次踩踏和镇压,土层不断坚实,表土板结,影响土壤中的气体与大气交换,也影响根系生长。耕作能疏松土层,防止表土板结,增强通透性,提高土壤渗水能力,有利于根系生长。第二,耕作能把肥力较高的表土翻入下层,把下层生土翻到表面,经过风化,促使土壤不断熟化,提高土壤肥力。第三,耕作能铲除杂草,把埋在土中的虫卵、虫蛹翻到表层经日晒、结冻而死亡,减少草害和虫害。但是,耕作也有负面效果。首先,耕作后由于土壤疏松,通气性增强,加速土壤有机质的分解和消耗,使茶园本来肥力就不高的土壤有机质含量更低。另外,耕作后由于土壤疏松,土壤之间的粘结力减少,土壤冲刷量增加。更重要的是耕作引起伤根,给茶树生长带来直接的不良影响。因为茶树地上部和地下部的生长具有一定的对称性,投采的成龄茶园,树冠郁闭,地下部的根系也布满整个行间,任何耕作都会引起伤根。据湖南茶叶研究所试验,在常规密度的采摘茶园行间耕作,耕幅40厘米,耕深30厘米,根系损伤率达12%。耕幅扩大或深度加深,伤根率迅速加大,如耕深20~50厘米的比耕深10厘米的伤根率高8~20倍。所以,成龄采摘茶园耕作有利也有弊。耕作时,方法要科学合理,恰当处理利弊关系,做到扬长避短,充分发挥耕作的良好作用。

### 2. 耕作方法

为使耕作少伤根和不伤根,无公害茶园耕作要以浅耕为主,破除表土板结,改善土壤通气状况和清除杂草。耕作时注意茶行中间稍深,靠近茶根稍浅的做法,这样伤根率一般低于

10%,对当年茶树生长不会造成太大影响。对于没有条件铺草的茶园,耕作时间要根据茶季和杂草生长情况而定,第一次要在春茶结束后进行,夏、秋茶期间再进行 2~3 次,使每茶季结束后都能保持表土疏松,通气良好。到茶季结束后,可结合施基肥进行一次深耕,深度以 20~25 厘米为宜。深耕采取茶行中间深,靠近茶根浅的做法。这时深耕,也会引起一定程度的伤根,但茶树地上部生长已结束,伤根不会影响当年产量。这时根系处于生长期,即使有些伤根,也能较快地得到恢复或再生,对茶树生长影响不大。但深耕时间必须在茶季结束后及早进行,宜早不宜迟。长江中下游广大茶区以 9 月下旬至 10 月下旬为宜。对于长期铺草、杂草很少的茶园,因土壤比较松软,浅耕次数可以大大减少,只要每年结合施基肥或埋草进行深耕即可。

我国还有不少丛栽的旧式茶园,行间宽,管理粗放,以采春茶为主,留养夏、秋茶。如要进行无公害茶生产时,可以在伏天 8~9 月份作 30 厘米深的深耕,一方面能把茶园中梅雨季节生长的茂盛杂草深埋作肥料,另一方面能把下层的心土翻到表面经伏天烈日曝晒和风化,使其熟化,提高肥力。茶树经过秋季留养,使伤根恢复,有利于保持翌年春茶生长和产量,这种耕作被称为"挖伏山"。但这种耕作因伤根太多,成龄条播茶园和坡度大、水土流失严重又没有铺草条件的茶园不宜采用。密植茶园,到成龄投采时树冠郁闭,行间封行,落叶层厚,土壤松软,杂草稀少,适当铺草后,一般不深耕,可以几年后结合树冠改造进行耕作。无论是幼龄茶园、成龄茶园或是老茶园,凡是进行深耕的都要与施基肥和埋草相结合,才能收到深耕改土、增产提质的效果(表 3-13,表 3-14)。

表 3-13　深耕配合施基肥对改土和提高肥力的效果

| 区　分 | 深耕配合施基肥 | 对　照 |
|---|---|---|
| 物理性质 | 有机团聚体(%)<br>(0.25～5 毫米) | 40.3 | 21.4 |
| | 孔隙度(%) | 51.442 | 48.37 |
| | 容　重(克/厘米$^3$) | 1.20 | 1.37 |
| | 水　分(%) | 20.9 | 18.2 |
| 养分含量 | 有机质(克/千克) | 18.3 | 12.5 |
| | 全　氮(克/千克) | 1.01 | 0.84 |
| | 有效氮(毫克/千克) | 86 | 68 |
| | 有效磷(毫克/千克) | 15 | 9 |
| | 有效钾(毫克/千克) | 96 | 74 |
| pH 值(水) | | 5.8 | 5.1 |

注:表中为连续 3 年后的数据

表 3-14　深耕配合施肥对茶叶产量和质量的影响

| 处　理 | 茶叶产量 | | | 生化成分(克/千克) | |
|---|---|---|---|---|---|
| | 千　克 | % | 正常芽(%) | 氨基酸 | 茶多酚 |
| 深耕配合施基肥 | 367.5 | 121.5 | 55.64 | 28.4 | 159.8 |
| 对　照 | 302.5 | 100.0 | 45.54 | 16.9 | 182.0 |

## （三）行间饲养蚯蚓

### 1. 饲养蚯蚓的优点

茶园饲养蚯蚓优点很多。首先，它可吞食茶园枯枝烂叶和未腐解的有机肥料，变成蚯蚓粪便，促进土壤有机物的腐化分解，加速有效养分的释放，熟化土壤，提高土壤肥力。其次，蚯蚓的大量繁殖和活动，可疏松土壤，加大孔隙度，有利于茶树根系生长，促进对养分的吸收和利用。第三，蚯蚓躯体还是含氮很高的动物性蛋白，在土壤中死亡腐烂后，是肥力很高的有机肥料，可直接营养茶树。如果蚯蚓数量很多，也可把它取出晒干粉碎作为饲料，有多种用处。饲养蚯蚓是无公害茶园，尤其是有机茶园重要的土壤管理措施之一。

### 2. 饲养方法

饲养方法很简单。一般分为两个步骤，即先做好蚯蚓床培养虫种，然后放养接种于茶园。

（1）虫种培养　先在茶园地边挖几个长 3～4 米，宽 1～1.5 米，深 30～40 厘米的土坑，坑底铺上 10 厘米左右较肥的壤土，壤土上铺放稍经堆腐的枯枝烂叶、青草、谷壳、畜禽粪便及厨房垃圾等，作为蚯蚓的食料，做成蚯蚓床。在食料上再铺上 10～15 厘米的肥土，经常浇水，使蚯蚓床保持 50%～60% 的田间相对含水量，约过半个月食料充分腐烂，然后从肥土地里挖取、收集蚯蚓，挖开蚯蚓培养床的盖土，把收集到的蚯蚓接种到蚯蚓培养床内，每平方米接种 30～50 条。以后经常浇水，保持床内湿润，经过数月后，蚯蚓开始在床内大量生长、繁衍，可作茶园接种用。

（2）放养茶园　先在茶园行间开一条宽 30～40 厘米，深 30 厘米的放养沟，沟里铺放堆沤肥、草肥、栏肥、茶树枯枝落叶、稻草等物，加上少量表土拌和均匀，然后挖出事先准备好的蚯蚓培养床中的蚯蚓、蚯蚓粪便及未吃完剩余的枯枝落叶等杂物,一起分撒到茶园放养沟中,然后盖上松土,浇水,让蚯蚓自然生长、繁衍。每年结合施基肥,检查一次蚯蚓生长情况并加稻草、杂草、枯枝落叶等蚯蚓的食料,如发现蚯蚓生长不良,要继续接种,直到良好生长为止。

### (四)施白云石粉改土

#### 1. 施白云石粉的作用

茶树虽系喜酸性土作物,但并非土壤越酸越好,一般在pH值为 5～6 之间最适宜茶树生长,当 pH 值低于 4.5 时,无论对茶树的养分吸收、生长或产量和品质都会带来一定的负面影响。当前由于茶区环境恶化,酸雨增多,茶园化肥用量增大,加上茶树自身物质循环的特殊性等,茶园土壤不断酸化。据中国农业科学院茶叶研究所近年研究的结果表明,1990～1991 年时浙、皖、苏三省茶园土壤 pH 值测定结果低于 4 的只占 13.7%,没有发现 pH 值低于 3.5 的茶园土壤,而到了1998 年三省土壤 pH 值小于 4 的茶园上升到 43.9%,其中pH 值小于 3.5 的占 8%。pH 值最适于茶树生长的茶园,1990～1991 年占 59.4%,而到了 1998 年只占 20.4%,这表明近年来茶园土壤酸化在加剧。土壤酸化后不仅理化性质恶化,而且营养也不平衡,是地力退化的表现,也是茶园的一大公害。其改土方法之一是施白云石粉。它不仅可以中和土壤中的酸度,同时也可提供镁营养,有利于镁、钾和镁、铵等阳离子的平衡关系。无公害茶园,尤其是经常施化肥而少施有机肥的一般无公害茶园,施白云石粉改土,防止土壤酸化是高产、优质、高效益的重要措施之一。白云石粉属纯天然物质,绿色食品茶园和有机茶园都可以施用。

## 2. 施用方法

白云石粉主要含有碳酸镁和碳酸钙,一般钙的含量高于镁的含量,而茶树是"嫌钙"作物,因此在施用时,必须注意:①当土壤 pH 值降到 4.5 以下时才可施用,pH 值 4.5 以上的茶园一般无须施用;②不宜集中施,应以撒施为主,把白云石粉均匀地撒到行间,然后通过耕作把它埋到土中;③每次施用量不宜过多,每年或隔年施 1 次,每次每 667 平方米施 30～50 千克为妥;④施用后要经常测定土壤 pH 值的变化情况,当 pH 值上升到 5.5 以后,应停止使用;⑤白云石粉必须通过 100 目以上筛,越细效果越好;⑥白云石粉不能与速效氮、磷等混合施用,否则会引起氮肥脱氮和磷肥退化等而降低效果。

### (五)间作绿肥

#### 1. 间作绿肥的优点

幼龄茶园间作绿肥优点很多。首先,它可以增加幼龄茶园行间的绿色覆盖度,减少土壤裸露程度,降低地表径流,增加雨水向土壤深处的渗透,减少水土流失。据杭州茶叶试验场研究,坡度为 3°的幼龄茶园行间间种花生之后,土壤冲刷量可比原来减少一半。又据安徽祁门茶叶研究所试验,坡度为 5°～10°的 1 年生幼龄茶园间作豆科绿肥后,土壤冲刷量比不间作的约减少 80%,所以幼龄茶园间作绿肥是防止水土流失的重要措施。其次,绿肥根系发达,尤其是豆科绿肥作物有共生的固氮菌,可以固氮,它在行间生长不仅可以促使深处土壤疏松,而且还可增加土壤有机质,提高氮素含量,加速土壤熟化。再次,茶园间作绿肥可以改善茶园生态条件,冬绿肥可提高地温,减少茶苗受冻程度,夏绿肥还可收到遮荫、降温的效果。据广东农科院茶叶研究所研究,幼龄茶园行间间作夏绿肥,在 7～9 月期间地温比不间作的下降 10℃～15℃,大大减少了茶

苗的受害率。据测定,江北茶区冬季间作冬绿肥可使地温增加
0.6℃~6℃,茶苗受冻率减少9.8%~16.8%。还有一些茶园
梯坎、梯边、沟边、路边等种植的多年生绿肥对固土、防塌、护
梯(沟、路)等效果也十分明显。茶园种植绿肥是一项一举多得
的高效益措施,也是一项自力更生解决肥料问题的重要措施。
绿肥作为纯天然物,对于绿色食品茶园和有机茶园尤为重要,
应大力推行。因为幼龄茶园无论间作春播夏绿肥还是间作秋
播冬绿肥,对提高土壤肥力,增加茶叶产量,改善茶叶品质都
具有十分明显的效果(表3-15,表3-16,表3-17,表3-18)。

表3-15　幼龄茶园间作冬季绿肥(大荚箭筈豌豆)
对土壤养分含量的影响

| 处　理 | pH 值 (H₂O) | 有机质 (克/千克) | 全氮 (克/千克) | 有效养分(毫克/千克) | | |
|---|---|---|---|---|---|---|
| | | | | 氮 | 五氧化二磷 | 氧化钾 |
| 不间作 | 4.5 | 6.9 | 0.61 | 12 | 痕量 | 30 |
| 间作箭筈豌豆 (埋青3年) | 4.8 | 7.4 | 0.98 | 46 | 5.8 | 74 |

表3-16　幼龄茶园间作冬季绿肥(大荚箭筈豌豆)
对茶叶产质的影响

| 处　理 | 第四和第五龄茶两年 合计(青叶)产量 | | 品　　质 | | | |
|---|---|---|---|---|---|---|
| | | | 春　茶 | | 秋　茶 | |
| | 千克/667 米² | % | 氨基酸 (克/千克) | 酚/氨 | 氨基酸 (克/千克) | 酚/氨 |
| 不间作 | 294.6 | 100.0 | 19.46 | 11.3 | 10.45 | 16.8 |
| 间作箭筈豌豆 (埋青3年) | 387.7 | 131.6 | 21.54 | 10.0 | 16.75 | 14.3 |

表 3-17　幼龄茶园间作夏季绿肥（乌豇豆）的改土效果

| 项目 | | 嵊　州 | | 杭　州 | |
|---|---|---|---|---|---|
| | | 不间作 | 间　作 | 不间作 | 间　作 |
| 土壤水分(%) | | 16.84 | 18.02 | 15.10 | 20.15 |
| 杂草(株/10 米茶行) | | 147 | 101 | 214 | 95 |
| 土壤有机质(克/千克) | | 10.1 | 13.5 | 12.9 | 19.8 |
| 土壤有效养分 | 氮 | 41 | 50 | 39 | 58 |
| (毫克/千克) | 五氧化二磷 | 5.1 | 10.4 | 7.5 | 9.6 |
| | 氧化钾 | 54 | 60 | 50 | 81 |

表 3-18　幼龄茶园间作夏季绿肥（乌豇豆）对茶树生长的影响

| | 项　目 | 不间作 | 间　作 |
|---|---|---|---|
| 茶树生长 | 二龄树高(厘米) | 31 | 30 |
| | 三龄树高(厘米) | 47 | 50 |
| | 四龄树高(厘米) | 55 | 60 |
| | 五龄树高×树幅(厘米) | 60×75 | 65×90 |
| 五龄茶园茶叶产量(千克/667 米²) | | 354.5 | 410.1 |

## 2. 茶园绿肥选择

适合无公害茶园种植的绿肥品种很多，在种植时要根据当地气候条件、土壤特点、茶树品种和种植方式、茶树年龄和绿肥作物本身生物学特性等，因地制宜地选择恰当的品种。一般在长江中下游广大茶区，作为种植前先锋作物的绿肥，尽量选择耐瘠、抗旱、根深、植株高大、生长快的豆科绿肥，如怪麻、大叶猪屎豆、决明豆、羽扇豆、毛曼豆、田菁、印度豇豆等等。1～2 年生中小叶种幼龄茶园，尽量选择矮生或匍匐型豆科绿肥,如小绿豆、伏花生、矮生大豆等等,既不妨碍茶树生长,又起到保持水土的作用。2～3 年生幼龄茶园可选用早熟、速生的绿肥,如乌豇豆、黑毛豆、泥豆等等,可防止茶树与绿肥之间生长竞争的矛盾。对于华南茶区,夏季可选用秆高、叶疏、枝干呈伞状的山毛豆、木豆等,它既可作肥料,又可作茶苗遮荫物。在长江以北茶区,冬季可选用毛叶苕子等,它既可作肥料,又能为土壤保温。坎边绿肥以选用多年生绿肥为主,长江以北茶区可选种紫穗槐、草木犀,华南茶区可选种爬地木兰、无刺含羞草等等,长江中下游广大茶区可选种紫穗槐、知风草、霜落、大叶胡枝子等等。

现将适合我国广大茶区无害化茶园种植的主要绿肥作物介绍如下,以供选择。

(1)茶园春播夏季绿肥

豇豆 又称饭豇豆。属豆科,豇豆属 1 年生蔓生草本植物。适宜于长江中下游广大地区种植。喜温暖湿润气候,在 20℃以上温度时生长迅速。生长期短,在浙江、江西、湖南等省 1 年可种 2 季,耐旱性强。其中乌豇豆的耐旱、耐瘠性最好,株型矮小,与茶树生长矛盾不大。干物质氮(N,下同)、磷($P_2O_5$,下同)、钾($K_2O$,下同)含量分别为 22 克/千克、8.8 克/千克和 12 克/千克。

大叶猪屎豆 又称响铃豆。为豆科 1 年生或多年生灌木状草本植物。适宜长江中下游地区和华南茶区种植。耐旱、耐瘠性强,有再生能力,1 年可割多次,产量高,是茶园理想的夏季先锋作物。此外,在幼龄茶园中间作的还有三尖叶猪屎豆、三圆叶猪屎豆,但由于株型高大,生长易产生与茶树争肥、争水和争光的矛盾。干物质的氮、磷、钾含量分别为 27.1 克/千克、3.1 克/千克和 8 克/千克。

柽麻　又称太阳麻。豆科,百合属,1年生草本植物。株型直立,高2米左右。适宜在长江中下游地区种植,喜温暖湿润气候,适宜生长温度为20℃～30℃。耐旱又耐涝,但茎叶比大,茎秆木质化程度高,同时因株型高大,可作茶园种植前的先锋作物。干物质的氮、磷、钾含量分别为29.8克/千克、5克/千克和11克/千克。

饭豆　又称眉豆。豆科,豇豆属,1年生草本植物。适宜长江中下游及西南广大茶区引种,比较耐瘠,但植株矮小,产量低,常有藤蔓缠绕茶树,需及时清理,以免影响茶树生长。干物质的氮、磷、钾含量分别为20.5克/千克、4.9克/千克和19.6克/千克。

花生　1年生豆科作物,其抗旱能力强,适宜于沙性土壤栽种,各茶区均可种植。花生品种较多,以伏花生为最好,营养成分高,株型矮小,保土保水性能强,对春季干旱的江北茶区间作更为适宜。干物质的氮、磷、钾含量分别为44.5克/千克、7.7克/千克和25.5克/千克。

大豆　1年生豆科草本植物。它的经济价值高,一般直播埋青作绿肥用的不很普遍。但其中的乌毛豆、泥豆、野大豆耐瘠,抗性强,作绿肥间作的较多。适宜全国各地种植。株型短小,植株叶片肥厚,养分含量丰富,埋青后分解快,是茶园的好绿肥。干物质的氮、磷、钾含量分别为31克/千克、4克/千克和36克/千克。

绿豆　豆科,豇豆属,1年生草本植物。喜温暖湿润气候,生育期间要求有较高的气温,作茶园绿肥的绿豆有小绿豆和大绿豆两种。小绿豆植株矮小,生长期短,产量低,抗逆性差,适于台刈改造后第一、二年的茶园中间作,在长江中下游地区种植较普遍。大绿豆植株高大,半匍匐型,抗性强,长势好,生长期长,产量高。为避免生长过旺而影响茶树生长,必须及时刈割。干物质氮、磷、钾含量分别为 20.8 克/千克、5.2 克/千克和 39 克/千克。

(2)茶园秋播冬季绿肥

紫云英 又称红花草子。豆科,1 年生或越年生草本植物。株型为半直立型,喜凉爽气候,适宜于水分条件优越、肥力水平较高的幼龄茶园中栽培。抗逆性差,最适生长温度为 15℃～20℃,1 月份平均气温不低于 0℃ 的地区间作,一般都可获得较好的效果。干物质的氮、磷、钾含量分别为 27.5 克/千克、6.6 克/千克和 19.1 克/千克。

金花菜 即黄花苜蓿,1 年生或越年生草本植物。株体半直立型,全国各地茶区都有种植,主要栽培于浙江、安徽、江苏等省。它适宜于排水良好的茶园种植,耐寒性较紫云英强。干物质氮、磷、钾含量分别为 32.3 克/千克、8.1 克/千克和 23.8 克/千克。

苕子 又称兰花草子。豆科,巢菜属,1 年生或越年生匍匐草本植物。温度在 10℃～17℃ 时生长迅速。适宜于在长江以南茶区、华南茶区的一部分高山茶园种植。由于它抗旱、抗寒,耐瘠性强,适应性广,是肥力和水、热条件较差茶园的冬季绿肥好品种。但它生长期长,并有藤蔓缠绕茶树,会影响茶树生长。间作后必须加强茶园清理,及时埋青。干物质氮、磷、钾含量分别为 31.1 克/千克、7.2 克/千克和 23.8 克/千克。

箭筈豌豆 又名大巢菜。豆科,1 年生或越年生草本植物。主根明显,根瘤多,生长势强,茎叶丰盛,产量高,并有耐旱、耐寒、耐瘠的特点,适应性也较广。喜凉爽湿润气候,在短期 -10℃ 低温下,可以越冬。呈半匍匐型,保土保水能力较好,在我国各茶区都可间作。种子含有氢氰酸(HCN),人、畜食用过量会中毒。如种子经蒸煮或浸泡后易脱毒。干物质氮、磷、钾含量分别为 28.5 克/千克、7.1 克/千克和 18.2 克/千克。

蚕豆 豆科,1 年生或越年生草本植物,是一种优良的粮、菜、肥兼用作物。株型直立,茎叶水分含量高,肥厚,埋后容易分解。干物质氮、磷、钾含量分别为 27.5 克/千克、6 克/千克和 22.5 克/千克。

豌豆 豆科,豌豆属,1 年生或越年生草本植物,是粮、菜、肥兼用作物。全国各茶区都可种植。有白花豌豆和紫花豌豆两种。白花豌豆为早熟种,产量低;紫花豌豆为迟熟种,分枝多,产量高。适宜于冷凉而湿润的气候,种子在 4℃左右即可萌芽,能耐−4℃～−8℃低温。耐旱、耐瘠、耐酸能力强,是茶园较好的冬季绿肥。干物质氮、磷、钾含量分别为 27.6 克/千克、8.2 克/千克和 28.1 克/千克。

肥田萝卜 俗称满园花。属十字花科,为 1 年生或越年生直立草本植物。耐旱、耐瘠力强,对土壤要求不严格,吸磷能力强,产量高,它不仅是茶园种植前较好的先锋作物,而且也可作幼龄茶园的间作绿肥。但抗寒性弱,苗期要保温。干物质氮、磷、钾含量分别为 28.9 克/千克、6.4 克/千克和 36.6 克/千克。

**3. 茶园多年生绿肥**

(1)爬地木兰 又称九叶木兰。为多年生豆科草本植物。抗性强,耐高温,耐刈割,产量高,适宜于华南茶区种植。株体匍匐型,根系庞大发达,固土能力强,是较好的护梯绿肥。但抗寒性差,在长江中下游地区不能越冬。干物质氮、磷、钾含量分别为 24.7 克/千克、4.2 克/千克和 32.6 克/千克。

(2)紫穗槐 又称棉槐。为多年生豆科灌木。抗干旱、抗瘠性强,株体高大,耐刈割,产量高,养分含量丰富,根系深,固土能力强,能耐低温,适应性广。我国江北产茶区种植最多,近年来南方产茶区亦有引种,是较好的坎边绿肥。其干物质氮、磷、钾含量分别为 33.6 克/千克、7.6 克/千克和 20.1 克/千克。

(3)木豆 俗称蓉豆。为豆科小灌木型植物。广东、广西、海南、云南以及闽南等地都有种植。耐寒性差,在长江中下游地区不易越冬。其茎叶幼嫩,容易腐烂,肥效好,是华南地区较好的坎边绿肥。干物质氮、磷、钾含量分别为 28.7 克/千克、1.9 克/千克和 14 克/千克。

茶园多年生绿肥还有很多,如长江以北茶区的草木犀,华南的山毛豆,长江中下游广大茶区的大叶胡枝子等,都有很高的利用价值,是很好的茶园多年生绿肥作物。

**4. 间作方法**

茶园间作绿肥,既要使绿肥高产优质,又不能妨碍茶树本身的生长发育,因此,必须合理间作,具体要求如下。

(1)不误农时,适时播种 这是茶园绿肥高产、优质的重要环节。我国大部分茶区冬季少雨,气温较低,茶园冬季绿肥如果播种太晚,在越冬前绿肥苗幼小,根系又浅,抗寒抗旱能力弱,易遭损害,影响苗期成活率,从而也影响绿肥产量。据浙江省绍兴市经验,在当地气候条件下,茶园间作紫云英如果在秋分至寒露之间播种,每 667 平方米产量达 2 750～3 000 千克;寒露左右播种,每 667 平方米产量为 2 250～2 750 千克;如在寒露到霜降之间播种,每 667 平方米产量在 2 250 千克以下。在适宜的播种期内,如水分和气候条件许可,要力争早播,有利于高产优质。对于春播夏绿肥也一样,太早播种气温低不易出苗,遇到"倒春寒"会受冻,成活率低;播种过迟,推迟生长,会贻误良好的利用时机。一般在长江中下游广大茶区,秋播冬绿肥在 9 月下旬至 10 月上旬播种较为恰当,春播夏绿肥在 4 月上中旬为妥。南北茶区因气温差别,可适当提早或推迟播种。

(2)合理密植　因地制宜、合理密植是茶园间作绿肥成败的关键。如果间作密度过大,虽然可以充分利用行间,获得绿肥高产,但会影响茶树的生长。反之,如果间作太稀,则不能充分利用行间空隙,绿肥产量低。茶园间作绿肥时宜采用绿肥行间适当密播,绿肥与茶树之间保持适当距离,尽量减少绿肥与茶树之间的矛盾。在长江中下游广大茶区间作绿肥,条栽茶园夏季绿肥宜采用"1,2,3 对应 3,2,1"的间作法,即 1 年生茶园间作 3 行绿肥,2 年生茶园间作 2 行绿肥,3 年生茶园间作 1 行绿肥,4 年生以后,茶园不再种绿肥。至于冬季,由于茶树与绿肥之间矛盾少,可以适当密播。如采用油菜、肥田萝卜、紫云英、苕子混播或采用豌豆、肥田萝卜、黄花苜蓿混播,绿肥之间可取长补短,互相依存,有利于抗寒和抗旱,产量可比单播高出 40%～70%。

(3)根瘤菌接种　在新垦茶园或换种改植茶园的土壤中,能与各种豆科绿肥共生的根瘤菌很少,茶园间作绿肥产量不高,品质也差。因此,在茶园间作绿肥时,要选用相应的根瘤菌接种。据浙江省嵊县等地试验,新茶园间作冬季绿肥紫云英时,用根瘤菌接种的比不接种的可增产 5%～10%。此外,在一般红壤茶园中,钼的含量低,绿肥根瘤菌往往发育不良,固氮能力弱。如果在根瘤菌接种时拌以少量钼肥,可大大提高绿肥固氮能力。但根瘤菌对应植物有专一性,接种时要"对号入座",绿肥与菌种之间不能张冠李戴。

(4)及时刈青　各种绿肥,尤其是夏季绿肥中的高秆绿肥,如田菁、大叶猪屎豆、大绿豆等,株体高大,后期生长迅速,吸收能力强,在茶园中间作常会妨碍茶树正常生长。也有的蔓生绿肥,如藤蔓缠绕茶树也会影响茶树生长。这时,就需要通过刈青来解决。另外,绿肥一定要及时翻埋,一般在绿肥处于上花下荚时割埋最好,为了经济效益也可采取采收部分豆荚后翻埋,但不能等完全老化后才割埋。

(5)利用零星地块,广辟肥源　茶园绿肥只能在幼龄茶园、台刈改造后1～2年的茶园和密度不大的老茶园中间作,而成龄投产茶园中则不宜种植。一般间作绿肥也不宜在茶园中留种,否则会影响茶树的生长。为了扩大绿肥种植面积,除了在幼龄茶园中间作绿肥之外,应有计划地利用一切可以利用的土地,建立绿肥基地,增加绿肥肥源。这对于绿色食品茶园和有机茶园尤为重要。有机茶在生产较集中的地方,要规划一部分集中成片的土地,统筹安排,专门生产绿肥。专用绿肥基地的土地,最好选择荒山或有待改造后作有机茶生产的土地。此外,有机茶园大部分分布在山区,地块割裂。某些零星地块不宜建立茶园,这些地块是种植绿肥的理想处所。此外路边、沟边、水库、塘堰四周亦应充分利用。零星种植的绿肥应以多年生耐刈青的高秆绿肥为主,结合护路、护梯、护坎有计划地种植。

# 六、营养管理

肥料是茶树的食粮,也是茶叶优质、高产、高效益的物质基础。无论是一般的无公害茶园或是绿色食品茶园和有机茶园,都需要进行营养管理,但由于各种无公害茶园的要求不同,除了按茶树营养规律管理之外,还要遵循无公害营养管理的基本原则,对有机肥料进行无害化处理,遵照各种无公害茶园的生产规程和用肥标准,选择肥料,做到安全、合理施肥。

## (一)茶树营养规律

茶树作为一种多年生常绿作物,与其他农作物一样,具有共同的对氮、磷、钾等营养元素吸收、利用和转化的特性,但由于它生长发育与其他作物不同,又具有与其他作物不同的特性,如喜铵性、嫌钙性、好铝性及与菌根共生的特性,但主要的还是它对养分吸收的连续性、阶段性及营养贮存再利用的特性。茶树作为一种多年生作物,在个体发育的不同阶段和年生长周期中的不同时期,对养分的吸收是不相同的,对各种营养元素的吸收也不相同。幼龄期生机旺盛,吸收养分能力强,营养生长占绝对优势,对氮、磷、钾的吸收比约为 1:0.4:0.6。成龄后营养生长相对稳定,生殖生长随之发生,吸收的养分除大部分用于茶叶采摘的消耗外,一部分消耗在花果的生长上,与幼龄期相比,这时吸收养分数量大为增多,尤其是对氮的需求量显著增加。趋向衰老时,营养生长减弱,而生殖生长增强,花果大量增加,吸收养分能力下降,需肥减少,对磷及能促进生殖生长的元素需要增加。根据茶树个体发育过程对养分吸收的特点,可以通过施肥技术使茶树生长发育沿着人们希望的栽培方向发展。

在年生长周期中,由于茶树地上部和地下部具有交替生长的特点,阶段性吸肥特性表现明显。春天营养生长快,常常是吸收氮素的高峰,以后随着不同轮次呈波浪形下降,6 月份后随着新的生殖生长的不断发展,吸收磷的强度随之增加,8~9 月份达吸收高峰,以后随之下降。根据年生长周期中的阶段性吸肥特性,同样可以进行营养调剂,以达到我们栽培的目的。

在长江中下游广大茶区的茶树,每到 10 月份以后,茶树地上部生长逐步减弱,进入越冬期。越冬期间茶芽虽停止生长,但留在茶树上的叶片仍不断地进行呼吸和光合作用,制造养分。这些养分除了少量被消耗外,剩余的碳水化合物则徐徐地向下输送,在根颈中贮存起来,因此在 10 月份以后根颈部的碳水化合物逐步提高。这时,根系仍在不断地活动,把所吸收的养分,除部分输送到地上部供茶叶呼吸和光合作用所需外,大部分在根颈处,尤其在细根中贮存起来,致使根系中的养分,尤其是氮、磷的含量大为提高。到翌年春天,气温上升,这些物质很快被输送到地上部,成为春茶萌发和生长的重要物质基础,表现出明显的物质贮存和再利用的特性。

不同类型的无公害茶园,在施肥时必须根据茶树营养特性和规律进行施肥。

### (二)无公害茶园营养管理的原则

无公害茶园的营养供应是采用国家和有关部门允许施用的肥料,提高土壤肥力,营养茶树,不污染环境,以达到高产、优质、高效益的可持续发展的目的。在进行无公害茶园施肥时,除按照茶树营养规律进行施肥外,还应遵循以下 4 条原则。

#### 1. 以有机肥为主的原则

茶树是喜酸性土作物,只在酸性土壤上才能生长和栽培。因此,富铝质土区的红黄壤成为茶园的主要土壤资源,这些土壤水、热条件好,有机质积累多,但分解也快,一旦开垦成为茶园之后,幼龄期土壤有机质分解大大超过积累,其总量呈明显下降的趋势,如不及时人为地加以补充,土壤肥力就会衰退。据测定,我国大多数茶园在 0～45 厘米的有效土层内的有机质含量一般只有 5～15 克/千克,与其他土壤相比,处于低水平。因此,许多茶园酸化严重,质地粘重,理化性质差,保水保肥性能低,肥料淋失率高,污染严重。有机肥由于营养完全,有机物含量高,可提高土壤有机质含量,增强土壤缓冲和吸附能力,防止养分淋失,有利于环境保护。此外,有机肥还有许多优点,如促使微生物生长,加速土壤熟化,改善土壤生态条件,促进根系生长和吸收。有机肥还可促使土壤形成多功能的有机无机团聚体,改善土壤物理结构,增加保墒、保肥、抗寒能力。有机肥的优越性,是化肥无法取代的。作为无公害茶园,在施肥时必须考虑以有机肥为主的基本原则,把施肥改土作为主要目标来思考。

### 2. 营养元素平衡施用的原则

茶树作为一种叶用作物,氮是茶树生长不可缺少的重要元素,茶园施肥应以氮肥为主,加速营养生长,多产茶叶、产好茶叶。但是茶对各种养分的吸收是平衡的、按比例的,在吸收1份氮素之后,必须要按比例地吸收一定数量的磷、钾、镁、钙及其他微量元素,才能形成有机体。在施肥中如不按茶树营养吸收比例施入,将会产生低因子律效应,低含量营养元素成为高产优质的限制因素,某一种元素含量再高也无法取得高产优质效果,反而会因过剩而淋失,就会造成环境污染。尤其是氮肥淋失率最高,对环境污染也最严重。特别是在片面地强调增施氮肥,土壤营养元素不平衡的情况下,土壤性质恶化,肥力下降,氮的淋失率更高,污染更为严重。在进行无公害茶园施肥时,必须坚持营养元素平衡的施肥原则,防止只强调增施氮肥,不配施磷、钾肥及其他中、微量元素的片面做法。

### 3. 安全施肥的原则

施肥是造成茶园和周边环境污染的重要原因之一。如有机肥料中含有较多的有害微生物、寄生虫、病原体、杂草种子、化学农药残留物、苯并($\alpha$)芘及有害重金属铅、汞、镉、铬、铜、镍、砷等。化肥中也可能会有各种有害重金属。因此,施任何一种肥料都可能造成农田和环境污染。为防止施肥污染,做到安全施肥,国家对各种肥料(其中包括商品性肥料和农家肥),制订了一系列的标准,设法把施肥污染降到低水平,控制在国家环保允许的范围以内。对于各种无公害茶园,更须杜绝一切可能的污染源,把污染控制在规定的范围以内。因此,在肥料处理上,肥料选择上,施用技术上,都必须提高环保意识,坚持防止污染的安全施肥原则。

### 4. 因地制宜的原则

我国茶区广大,茶园土壤类型繁多,气候条件复杂,生产茶类不同,在确定某一地区无公害茶园施肥方法时,除了根据茶树吸肥规则外,还要根据当地的茶树品种、茶树生产状况、茶园类型、气候特点、土壤肥力及灌溉、耕作、采摘等农业技术实际情况,因地制宜,灵活掌握。也就是茶农们所说的要"看天、看地、看肥、看茶"施肥。如生产名优茶的茶园,主要是依靠春茶,较生产大宗茶的茶园更要重视基肥的施用;再如春季干旱严重的地区,春肥不易发挥效果,多施春肥反而会造成肥害,要改变春、夏、秋肥的追肥比例;再如幼龄茶园、留种茶园等,要适当重视磷、钾肥的施用,以利于幼龄茶树根系的生长和留种茶树种子的饱满;还有在干旱季节要多施根外肥,少施根肥等等。总之,因地制宜,灵活掌握也是无公害茶园施肥中必须遵循的一条基本原则。

### (三)有机肥料无害化处理

在有机肥料中,有些有机肥如人、畜、禽粪便,常常带有较多的各种病毒、大肠杆菌、寄生虫卵及恶臭味等;有些有机肥,如山草、杂草等常常带有各种病原体、害虫和种子等;有些有机肥,如海肥等常含有较高的对茶树生长有害的物质(如氯离子)等,这些肥料如不经无害化处理而直接施用,会给茶园土壤、茶叶及周边环境造成污染。因此,作为无公害茶园的有机肥一般都要经过无害化处理,去除臭气,杀灭寄生虫卵、杂草种子及病原体等,变有害为无害。有机肥料无害化处理方法有物理方法、化学方法和生物方法3种。物理方法如日光曝晒、高温处理等,这种方法效果好,但养分损失大,工本高;化学方法是采用添加化学物质除害,如肥料中加硫酸亚铁、漂白粉、石灰及各种杀菌杀虫剂等等,效果好,但一般不太安全,除了一般无公害茶园施用的有机肥偶有采用外,绿色食品茶和在有机茶生产中不能采用。生物方法主要是采用接菌后进行堆腐、沤制,使其高温发酵,利用发酵所产生的高温及细菌所产生的抗生素来除害,是无公害茶生产中有机肥无害化处理简单易行的方法。现介绍其中几种方法。

**1. EM 堆腐法**

EM(Effective Microorganism)是一种活性很强的好氧和嫌氧有效微生物群,主要是由光合细菌、放线菌、酵母菌、乳酸菌等多种微生物组成,在农业和环保上有广泛的用途。它具有除臭、杀虫、杀菌、净化环境、促进植物生长等多种功能,用它处理人、畜粪便作堆肥,可以起到无害化作用。其具体做法如下:

第一步　先到市场上购买 EM 原液,按表 3-19 配方稀释备用。

第二步　将人、畜、禽粪便风干,使含水量达 30%~40%。

第三步　取稻草、玉米秆、青草等物切成 1~1.5 厘米长的碎片,加少量米糠拌和均匀,作堆肥时的膨松剂。

表 3-19　堆肥用 EM 稀释配方

| 物质名称 | 稀释比例 |
|---|---|
| 清水 | 100 毫升 |
| 蜜糖或红砂糖 | 20～40 克 |
| 米醋 | 100 毫升 |
| 烧酒(含酒精 30%～35%) | 100 毫升 |
| EM | 50 毫升 |

第四步　将稻草等膨松物与粪便按重量 1：10 混合搅拌均匀,并在水泥地上铺成长约 6 米,宽约 1.5 米,厚 20～30 厘米的肥堆(图 3-9)。

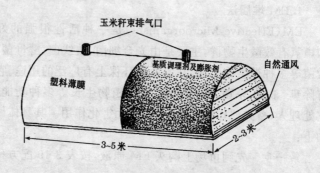

玉米秆束排气口　基质调理剂及膨胀剂　自然通风　塑料薄膜　3~5 米　2~3 米

**图 3-9　有机肥生物无害化处理示意图**

第五步　在肥堆上薄薄地撒上一点米糠或麦麸等物,然后再洒上制备好的 EM 配方稀释液,每 1 000 千克肥料洒 1 000～1 500 毫升。

第六步　然后按同样的方法,上面再铺第二层,每一堆肥料铺 3～5 层后上面盖好塑料布使其发酵,当肥料堆内温度升到 45℃～50℃时翻 1 次。一般要翻动几次才可完成处理。完成后,通常肥料中长有许多白色的霉毛,并有一种特别的香味,这时就可以施用了。夏天 7～15 天可完成处理,春天 15～25 天可完成处理,冬天要更长时间。水分过多会使堆肥失败,并有恶臭味。各地要根据自己的具体条件反复试验,不断摸索经验才能成功。

据试验,EM 堆肥过程因发热可使堆肥升温到 50℃～60℃,并释放出一些抗生素等,可以杀死虫卵、大肠杆菌等有害生物和杂草种子。表 3-20 和表 3-21 可以说明 EM 堆肥无害化处理过程中肥料养分含量、大肠杆菌及卫生指标等方面的变化情况。

表 3-20    不同处理后的畜禽粪便大肠杆菌值

| 有机肥 | 鸡　　　粪 | | | | | 猪　　　粪 | | | | |
|---|---|---|---|---|---|---|---|---|---|---|
| 处　理 | 未发酵 | 自然发酵 | | EM 发酵 | | 未发酵 | 自然发酵 | | EM 发酵 | |
| | | 10 天 | 20 天 | 10 天 | 20 天 | | 10 天 | 20 天 | 10 天 | 20 天 |
| 菌　数 | >2500 | <2500 | <9 | 23.3 | <0.9 | >2500 | <2500 | <250 | 250 | <0.11 |

注:菌值单位:个/克

表 3-21    鸡粪堆制过程中卫生学指标的变化

| 卫生学指标 | 未发酵 | EM 处理 | | 一般堆肥处理 | |
|---|---|---|---|---|---|
| | | 10 天 | 20 天 | 10 天 | 20 天 |
| 粪大肠杆菌(个/克) | $2.4 \times 10^5$ | 23 | 0.23 | 2500 | 25 |
| 鸡蛔虫卵死亡率(%) | 0 | 50 | 100 | 20 | 80 |

通过 EM 法处理的有机肥与传统的一般堆腐法处理的有机肥相比,因氨挥发减少,溶解在液体中的养分含量流失少,因此肥料质量明显提高(表 3-22)。

表 3-22　EM 堆肥和自然堆肥的养分含量比较

| 指　标 | 处　理 | | | |
|---|---|---|---|---|
| | EM 处理-1 | 普通堆肥处理-1 | EM 处理-2 | 普通堆肥处理-2 |
| 水分(%) | 50.30 | 66.34 | 70.16 | 71.43 |
| 有机质(%) | 42.14 | 38.42 | 23.16 | 22.83 |
| 氮(%) | 2.39 | 1.94 | 1.23 | 1.17 |
| 磷(%) | 0.46 | 0.35 | 0.48 | 0.49 |
| 钾(%) | 1.22 | 1.01 | 0.49 | 0.49 |

注:表中数量为鲜物百分比

## 2. 自制发酵催熟粉堆腐法

如果当地买不到 EM 原液,也可以采用自制发酵催熟粉代用。自制发酵催熟粉配方及堆肥制法如下。

第一步　先准备好以下原料。

米糠　稻米糠、小米糠等各种米糠均可。

油粕　油料经浸油后的残渣。如菜籽粕、花生粕、蓖麻子粕、大豆粕等均可。

豆渣　制造豆腐等豆制品后的残渣,无论原料是什么豆类,或制造什么豆制品产生的残渣均可。

填充料　草炭粉、风化煤粉或黑炭粉或沸石粉。

酵母粉　市售酵母粉。

糖类　红糖或白糖。

第二步　按表 3-23 所列配料配好发酵催熟剂并进行发酵。

表 3-23　发酵催熟剂配料表

| 成分 | 米糠 | 油粕 | 豆渣 | 糖类 | 水 | 酵母粉 |
|---|---|---|---|---|---|---|
| %(重量) | 14.5 | 14 | 13 | 8 | 50 | 0.5 |

具体操作：按上表配方量,先将糖类添加于水中,搅拌溶解后,加入米糠、油粕、豆渣和酵母粉,再经充分搅拌混合后堆放,于30℃以上的温度条件下保持30～50天进行发酵。

　　第三步　配制发酵催熟粉。

　　发酵催熟剂用草炭粉或沸石粉按1∶1的比例互相掺和吸收,仔细搅拌均匀,风干后即制成发酵催熟粉。

　　第四步　制堆肥。

　　先将粪便风干,使含水量降至30%～40%。将粪便与稻草(切碎)等膨松物按重量100∶10混合,每100千克混合肥中加入0.5～1千克催熟粉,充分拌和使之均匀,然后在肥舍内堆积成高1.5～2米的肥堆,进行发酵腐熟。在此期间根据堆积肥料腐熟产生的温度变化,即可判定堆肥熟化的进程。

　　当气温为15℃时,堆积后第三至第七日堆积肥料表面以下30厘米处的温度可达50℃～70℃。经过几次翻动,使各部位的堆肥都能得到充分发酵,在高温下消毒杀菌灭草,待堆肥的含水量达30%左右,再后熟3～5天便可施用,全过程需30～40天即可结束。

　　这种高温堆腐也可把原粪便中的虫卵、杂草种子等杀死,大肠杆菌、臭气等也可大为减少,达到无害化的目的,但效果比EM堆腐法要稍差些。

**3. 工厂化无害化处理技术**

　　如果有大型畜牧场和家禽场,因粪便较多,可采用工厂化无害化处理技术。主要是先把粪便统一集中堆腐发酵,然后进行脱水,使粪便水分含量达到20%～30%。然后把脱过水的粪便输送到一个专门蒸气消毒房内,蒸气消毒房的温度不能太高,一般为80℃～100℃,太高易使养分分解损失。肥料在消毒房内不断运转,经 20～30 分钟消毒,可杀死全部虫卵、杂草种子及有害病菌。消毒房内装有脱臭塔,臭气通过塔内排出除臭。然后将脱臭和消毒的粪便配上必要的天然矿物,如磷矿粉、白云石、云母粉等进行造粒,再烘干,即成有机茶专用肥料。其工艺流程如下:

畜禽舍→粪便堆腐→脱水→消毒→除臭→配方搅拌→造粒→

烘干→过筛→包装→入库

如果是中小型的畜牧场和家禽场,可采用卷切式粪便处理机进行无害处理,成本低,处理方便。其设备是由定量输送混合器、加压卷切混炼机、输送带、搅拌机、造粒机等组成一条流水线。

禽畜粪便处理的工艺过程:利用定量输送混合器把禽畜粪便和添加料如天然矿物肥料、微量元素等按规定的比例进行混合,通过卷切机加压摩擦使机内被处理的混合物温度自行升高,达到 70℃～80℃,使水分蒸发脱除,杀灭虫卵及有害病菌,从而达到无害化处理的目的,可在短期内生产出无害化活性有机肥。

### (四)安全合理选肥,实现无公害化生产

任何一种肥料的施用都会给茶园带来不同程度的污染,肥料类型和品种不同,其污染源不一样,给茶园所带来的污染程度也不相同。为了安全施肥,实现无公害化生产,不同类型的无公害茶园,根据其产品的卫生标准,都规定了对肥料选用的原则与要求。

#### 1. 一般无公害茶园

(1)选用肥料的基本原则　禁止施用不符合国家城镇垃圾农用控制标准(GB8172－1987)所规定的城乡垃圾;不符合国家农用污泥中污染物控制标准(GB4284－1984)所规定的

各种淤泥；禁止施用未经发酵处理的新鲜人、畜、禽粪便；禁止施用含有传染病毒、病菌及有害、有毒的一切其他有机无机物。禁止施用未经农业部在"关于肥料、土壤调理剂及植物生长调节剂检验登记规定"中登记过的一切肥料、土壤改良剂及生长调节剂。

大力提倡以有机肥为主，有机肥与无机肥相配合；大力提倡重施基肥，基肥与追肥相结合；大力提倡以氮肥为主，氮、磷、钾及多种微量元素相结合；大力提倡以根部施肥为主，根部施肥与叶面施肥相结合；大力提倡缓释肥为主，缓释肥与速效肥相结合，防止肥料流失污染环境。

（2）可以施用的肥料品种

①农家肥料

堆肥：以各类秸秆、落叶、人粪、畜粪堆制而成。

沤肥：堆肥的原料在淹水条件下发酵而成。

厩肥：猪、羊、马、鸡、鸭等畜禽的粪尿与秸秆垫料堆成。

绿肥：栽培或野生的绿色植物体制作的肥料。

沼气肥：沼气液或残渣。

秸秆肥：作物秸秆。

泥肥：未经污染的河泥、塘泥、沟泥等。

饼肥：菜籽饼、棉籽饼、芝麻饼、花生饼等。

②商品肥料

商品有机肥：以动植物残体及排泄物等为原料加工而成。

腐殖酸类肥料：泥炭、褐炭、风化煤等含腐殖酸类物质的肥料。

微生物肥料包括：

根瘤菌肥料：能在豆科作物上形成根瘤菌的制剂。

固氮菌肥料：含有自生固氮菌、联合固氮菌的肥料。

磷细菌肥料:含有磷细菌、解磷真菌、菌根菌剂的肥料。

硅酸盐细菌肥料:含有硅酸盐细菌、其他解钾微生物的制剂。

复合微生物肥:含有二种以上有益微生物,它们之间互不拮抗的微生物制剂。

有机无机复合肥:有机肥料和少量无机物肥料复合而成的肥料。

化学和矿物源肥料,即化学合成肥料:

氮肥:含氮素的铵态氮肥、硝铵态氮肥、酰胺态氮肥。

钾肥:含钾素的化学肥料。

磷肥:含磷素的化学磷肥和磷矿粉与半酸化磷肥。

钙肥:含钙的生石灰、熟石灰、碳酸石灰和其他含钙肥料。

硫肥:含硫的化学肥料以及石膏、硫黄等。

镁肥:含镁的化学肥料,如白云石粉肥。

专用复合肥:根据土壤测试结果和作物需求而配制的氮、磷、钾等二元、三元复合肥。

微量元素肥料:含有铜、铁、锰、锌、硼、钼等微量元素的硫酸盐和硝酸盐及其螯合物复盐。

叶面肥料:含各种营养成分,不含化学合成的生长调节剂,喷施于植物叶片上的肥料。

**2. AA 级绿色食品茶园和有机茶园**

(1)选用肥料的原则　禁止施用各种化学合成的肥料。禁止施用城乡垃圾、工矿废水、污泥、医院粪便及受农药、化学品、重金属、毒气、病原体污染的各种有机无机废弃物。

严禁使用未经腐熟的新鲜人粪尿、家禽粪便,如要施用必须经过无害化处理,以杀灭各种寄生虫卵、病原菌、杂草种子,使之符合 AA 级绿色食品茶和有机茶生产规定的卫生标准。

有机肥原则上就地取材,就地处理,就地施用。外来农家有机肥经过检测确认符合要求的才可使用。一些商品化有机肥、有机复混肥、活性生物有机肥、有机叶面肥、微生物制剂肥料等,必须明确已经得到有关绿色食品和有机食品认证机构颁证或认可才可使用。

施用天然矿物肥料时,必须查明主、副成分及含量,原产地贮运、包装等有关情况,确认属无污染、纯天然物质的方可施用。

大力提倡各种间作豆科绿肥,施用草肥及修剪枝叶回园技术。

定期对土壤进行监测,建立茶园施肥档案制,如发现因施肥而使土壤某些指标超标或污染的,必须立即停止施用,并向有关有机茶发展中心和绿色食品发展中心报告。

(2)允许施用的肥料品种

堆(沤)肥　指肥料中不允许含有任何禁止使用的物质,并经过堆制 49℃～60℃高温处理数周。

畜禽粪便　指各种家畜、家禽粪便,需经过堆腐和无害化处理。

海肥　指非化学处理过的各种水产品的下脚料,并要经过堆腐充分腐解。

饼肥　指天然植物种子的油粕,其中茶籽饼、桐籽饼等要经过堆腐;豆饼、花生饼、菜籽饼、芝麻饼等饼肥可直接施用(浸出饼不能用)。

泥炭(草炭)　指高位或低位草炭,未受污染,不含有其他有害物质。

腐殖质酸盐　指天然矿物,如不受污染和不含有害物的褐煤、风化煤等,要粉碎通过100目筛才可使用。

动物残体或制品 指未经过化学处理的血粉、鱼粉、骨粉、蹄角粉、皮粉、毛粉、蚕蛹、蚕沙等。

绿肥 春播夏季绿肥,秋播冬季绿肥,坎边多年生绿肥。以豆科绿肥为最好。

草肥 指山草、水草、园草和不施用农药和除草剂的各种农作物秸秆等,要经过曝晒、堆沤后施用。

天然矿物和矿产品 指不受污染和不含有害物质的磷矿粉、黑云母粉、长石粉、白云石粉、蛭石粉、钾盐矿、无水镁钾矾、沸石、膨润土等等。

有机叶面肥 指以动、植物为原料,采用生物工程而制造的含有各种酶、氨基酸及多种营养元素的肥料,并经有机食品或绿色食品认证机构颁证后才可施用。

半有机肥料 指经过无害化处理的禽畜粪便,加锌、锰、钼、硼、铜等微量元素,采用机械造粒而成的肥料。必须经绿色食品和有机食品机构认证后才可施用。

煅烧磷肥 钙镁磷肥、脱氟磷肥。

沼气肥 指通过沼气发酵后留下的沼气水和肥渣等。

发酵废液干燥复合肥 指以生物发酵工业废液干燥物为原料,配以经无害化处理的畜禽粪便、食用菌下脚料混合而成的肥料。必须经过有关绿色食品和有机食品机构认证后才可施用。

(3)禁止施用的肥料品种

化学氮肥 指化学合成的硫酸铵、尿素、碳酸氢铵、氯化铵、硝酸铵、硝酸钙、氨水、石灰氮等。

化学磷肥 指化学加工的过磷酸钙等。

化学钾肥 指化学加工的硫酸钾、氯化钾、硝酸钾等或天然钾矿通过化学方法提炼的各种钾肥。

化学复合肥　指化学合成的磷酸一铵、磷酸二铵、磷酸二氢钾、各种复合肥、各种复混肥等等。

其他化学肥料　指一切化学合成的其他营养元素肥料，如硫酸镁、硫酸亚铁等等。

工矿企业的化学副产品　如钢渣磷肥、磷石灰、烟道灰、窑灰钾等等。

城乡垃圾、淤泥、工厂及城市废水　含有较复杂的重金属、病毒、细菌及塑料等。

合成叶面肥　指含有化学表面附着剂、渗透剂及合成化学物质的多功能叶面营养液、稀土元素肥料等。

（4）限制施用的肥料品种及施用条件

硫肥　指天然硫黄，只有在缺硫的土壤中方可谨慎施用。

铝肥　指天然的硫酸铝钾，即明矾，只有在改土酸化土壤时才可施用。

微量元素　指硫酸铜、硫酸锌、钼酸钠（铵）、硼砂等，只有在缺素的条件下才可施用，喷洒浓度小于 0.01%。最后一次喷肥必须在采茶前 20 天进行。

**3. A 级绿色食品茶园**

第一，尽量选用 AA 级标准规定允许使用的肥料种类，如生产上实属必需，允许生产基地有限度地施用化学合成肥料，但不能施用化学合成的硝态氮。

第二，必须施用的化学肥料要与有机肥配合施用，其中化学肥料氮的用量不得超过有机肥氮。化肥氮作追肥施用时，最后一次追肥时间必须在采收茶叶前 30 天进行。

第三，如因改土需要，允许施用城乡生活垃圾和淤泥，但城乡生活垃圾和淤泥必须符合国家 GB8172－1987 城镇垃圾农业用控制标准和农用污泥中污染物控制标准,每年每 667平方米用量必须限于 2 000 千克以下。

## (五)无公害茶园施肥方法

### 1. 重施基肥

茶树是多年生常绿作物,在其年生长周期中具有明显的连续吸收及对养分贮存和再利用的特性。在长江中下游广大茶区,从 10 月份后到第二年的 3 月份,地上部虽都已停止生长,但根系仍在不断吸收养分,这时所吸收的养分可占全年吸收总量的 30% 左右,并贮存在根系中。这些贮存养分是春茶萌发和生长的物质基础,对春茶早发、优质有决定性意义。茶农说"基肥足,春茶绿",就是这个道理。因此,所有无公害茶园都必须十分重视基肥的施用。尤其是对于生产名优茶的茶园更为重要。无公害茶园在施基肥时必须做到"净、早、深、足、好"五个字。

所谓"净",就是所有作为无公害茶园的基肥必须达到无公害的标准,凡是人、畜、禽粪等必须经过堆腐等无害化处理,其卫生标准和重金属含量及农药残留必须达标。尤其是绿色食品茶园和有机茶园的基肥,决不允许掺和化学合成的肥料。用于工厂化生产的商品有机肥,必须持有绿色食品茶和有机茶肥料销售证书方可购买施用。天然矿质肥料必须持有化验证书等确认无害才可施用。

所谓"早",就是基肥施用时期适当提早。尤其是绿色食品茶园及有机茶园的基肥主要是有机肥,养分释放比较迟缓,为了及时给茶树提供营养物质,必须适当早施,使它在土壤中早矿化、早释放,以满足茶树对养分的需要。早施基肥,可提高茶树对肥料的利用率,能增加对养分的吸收与积累,有利于茶树抗寒越冬和春茶新梢的形成和萌发,有利于名优茶产量和质量的提高。长江中下游广大茶区,要力争在 10 月上旬施完。江北和华南茶区因气温不同,茶树物候期不一,可适当提前或推迟施用。

所谓"深",就是施肥深度要适当加深。因为茶树是深根系作物,只有根深才能叶茂,而且茶树根系还有明显的向肥性,施基肥必须利用茶树根系向肥性的特点,把茶根引向深层和扩大根系活动范围与吸收容量,以提高茶树在逆境条件下的生存能力,确保安全越冬。这一点对生产有机茶的茶园尤为重要。一般成龄采摘茶园力求做到基肥沟施,深度要超过 25 厘米。幼龄茶园可根据树龄由浅逐步加深,但最浅也要从 15 厘米开始。

所谓"足",就是基肥数量要多。作为绿色食品茶园和有机茶园的基肥主要是有机肥,营养元素含量低,只有足够的数量才能满足茶树生长对养分的需求,而且有机肥作为改土的主要物质,也只有数量多才能收到改土的效果。一般基肥用量不得少于全年用量的 50%,决不能让茶树"饿肚子"过冬。那种"基肥不足春肥补"的做法,对春茶所造成的损失是无法弥补的。成龄采摘茶园,如施堆肥,每年每 667 平方米不得少于 1 000 千克,如施菜籽饼肥每年每 667 平方米不得少于 150 千克。

所谓"好",是指基肥质量要好。无公害茶园所选基肥肥料要既能改良土壤,又能缓慢地为茶树提供营养物质。基肥中多掺些含氮高的有机肥肥料,如鱼粉、血粉、蚕蛹、豆饼、菜籽饼等(表 3-24)。

对于绿色食品茶园及有机茶园,由于它不能施化学合成肥料,但可选用天然矿质肥料,如磷矿粉、白云石粉、云母粉等等,与有机肥掺一起经过堆制后作基肥用,可提高基肥中的磷、钾、镁等含量。有条件的地区和单位,也可根据土壤条件和茶树吸肥特性专门生产一些高质量的 AA 级绿色食品茶和有机茶专用肥作基肥施用。

此外,所谓好,当然也指施肥技术质量要好,施肥时要土肥相融,及时覆土,防止伤根和漏风等等。

表 3-24　几种饼肥作秋冬基肥施用时的增产提质效果

| 饼肥品种 | | 不施肥 | 菜籽饼肥 | 茶籽饼肥 | 油茶饼肥 | 棉籽饼肥 | 桐籽饼肥 | 蓖麻饼肥 |
|---|---|---|---|---|---|---|---|---|
| 春茶 | (千克/667 米²) | 124.3 | 172.2 | 136.0 | 147.2 | 150.7 | 149.3 | 151.4 |
| 产量 | (％) | 100.0 | 138.5 | 109.4 | 118.4 | 121.2 | 120.1 | 121.8 |
| 氨基酸含量 (毫克/千克) | | 20.3 | 23.51 | 20.95 | 21.11 | 21.35 | 22.00 | 22.45 |

## 2. 早施催芽肥

茶树对养分的吸收既具有连续性,又具有阶段性。春茶品质好,产量比例高,是各种无公害茶园名优茶生产的黄金季节,也是茶树吸肥最集中的高峰时期。春茶早发、多发的物质基础虽是基肥,但要想春茶快长、多产,仅仅依靠基肥的基础养分难以维持春茶迅速生长对养分的集中需求,必须及早追肥予以补充。据研究,在长江中下游茶区,春天气温开始回升,中小叶种茶树,在 2 月中下旬地上部虽未萌动,但根系贮存物质已水解并向上输送,根系吸收也开始增强。据在杭州龙井茶区同位素$^{15}$N 的标记试验结果,在杭州地区 3 月下旬施春肥,春茶对氮的回收率只有 12.6％,而被夏茶回收的却达24.3％。这表明,3 月下旬施的春肥大部分没有被春茶新梢生长所吸收,留下的春肥被夏梢生长所吸收,致使春肥对夏茶的效果几乎比春茶高 1 倍,这对任何一种无公害茶的名优茶生产都是重大损失。当前由于春茶市场看好,要求早发、早采、早上市。此外,大部分无公害茶都大力推广早芽品种茶树,在生产实践中更要求早施春肥才能起到"催芽"的作用。据田间试验,在杭州龙井茶区,名优茶生产茶园,以2月中下旬施春肥比较合适(表3-25)。当然所谓早施也要因地制宜,早芽种要早施,迟芽种要晚施;阳坡和岗地茶园要先施,阴坡和沟、谷地茶园要后施等等。

表 3-25　春肥施肥时期对龙井茶产量的影响

| 试验处理 | 1992 年(鲜叶) | | | | 1993 年(鲜叶) | | | |
| | 雨前茶 | | 春　茶 | | 雨前茶 | | 春　茶 | |
| | 千克/667 米² | % | 千克/667 米² | % | 千克/667 米² | % | 千克/667 米² | % |
| --- | --- | --- | --- | --- | --- | --- | --- | --- |
| 2 月 13 日施 | 70.8 | 112.3 | 86.6 | 108.1 | 34.6 | 133.6 | 61.6 | 116.2 |
| 3 月 13 日施 | 63.2 | 100.0 | 80.1 | 100.0 | 25.9 | 100.0 | 53.0 | 100.0 |

(陈凤仙等)

作催芽肥用的肥料,对于一般无公害茶园和 A 级绿色茶园应以尿素为主,每 667 平方米施 20～30 千克不等,也可施一些多元复合(混)肥。但对于 AA 级绿色食品茶园和有机茶园,只能施速效性的有机肥,如经过充分腐熟的有效性较高的堆沤肥,人、畜、家禽粪肥或沼气池中的废液等,也可用专门生产的有机茶专用肥。施肥深度可较基肥浅,一般 10～15 厘米即可。

### 3. 因地制宜施好夏秋追肥

对于采春茶外还采夏、秋茶的茶园,为了满足夏秋茶生长对养分的需求,采完春茶和夏茶后应进行夏、秋茶的追肥,尤其是对于春茶结束后进行各种形式修剪的茶园,修剪后要立即追肥,夏肥一般在 5 月中下旬施用,秋肥要避开"伏旱"施用。与春茶催肥一样,对于一般的无公害茶园和 A 级绿色食品茶园可施尿素和复合肥等,对于 AA 级绿色食品茶园和有机茶园,必须施有机速效肥,如沤肥的肥水及沼气液,或者经过充分熟化的有机肥等。

### 4. 巧施根外肥

在绿色食品茶和有机茶生产的栽培管理过程中,施肥受到多种因素的限制,容易造成茶树营养不良和某些缺素症。一旦发现茶树处于营养不良或出现某些营养缺素症时,必须采用根外肥进行补救。无公害茶生产中采用根外肥时,必须注意以下几点。

第一,对于一般无公害茶园可以采用各种大量营养元素和中、微量营养元素的肥料。如需工厂生产的综合型的叶面营养液时,必须是经过农业部登记并持有检验登记证书的才可施用,否则不得施用。在施用时要严格按使用说明书进行。

第二,对绿色食品茶园和有机茶园,在正常生长条件下只能选用全有机或全天然的,并已经得到有关有机认证机构颁证和认可的叶面肥。此外,只有在出现"隐饿型"缺素症或出现缺素症表征的条件下,才可有目的地选用限制施用的化学型微量元素肥料,如硫酸镁、硫酸锌、钼酸铵、硼砂等等。其浓度限于 0.01% 以下,最后一次喷施时间必须在采茶前 20 天。施用时间晴天在下午 3 时后,阴天不限,喷施后 2 天内下雨,必须重新喷施。在喷施时要将叶子正反面都喷湿喷匀,因叶子背面吸收根外肥的强度比叶子正面强,所以要特别注意喷洒在叶子背面才有效果。

除了施肥之外,为了增加土壤有机质,提高土壤肥力,还要充分发挥茶树自身物质循环的优势,大力推广修剪枝叶回归茶园的措施。因为修剪是茶树栽培的重要措施,修剪下来的枝叶有机质含量很高,养分含量丰富,是茶园很好的有机肥源,每年修剪下来的枯枝落叶都要设法归还给土壤,可直接深翻入土作肥料,也可作茶园土壤覆盖物铺于土壤表面。这是茶树依靠自身物质循环,自力更生解决无公害茶园肥源的一种有效方法。国外许多生产有机茶的国家已广为应用,我们也应大力推广。

# 七、病、虫、草害的控制

在无公害茶叶的生产过程中,病、虫、草害是威胁茶叶产量和品质的重要因素。在过去的半个世纪中,对这些有害生物的控制在很大程度上依赖于化学防治。化学农药的使用,保障了茶叶的丰产优质,但也产生一些负面效应。无公害茶叶生产就是要求在茶叶生产中不用或少用化学农药,尽可能采用以农业防治、生物防治和物理防治为主体的综合治理措施,以期将有害生物的种群密度控制到一个低的水平,保持生态系的种群平衡,同时使茶叶产品达到无公害水平。

## (一)茶园主要病、虫、草害种群的发生情况

我国茶叶生产中的主要病、虫、草种群类别有如下几类。

### 1. 茶树害虫、害螨

(1)食叶类害虫 包括尺蠖蛾类、毒蛾类、刺蛾类、卷叶蛾类和象甲类等。尺蠖蛾类中主要有茶尺蠖(江苏、浙江、安徽)、油桐尺蠖(湖南、广东、广西、湖北)。毒蛾类中主要有茶毛虫(浙江、湖南、江西、四川、福建)、茶黑毒蛾(江苏、浙江、安徽)。刺蛾类在全国各产茶区的局部地区有发生,以扁刺蛾、茶刺蛾、黄刺蛾较为普遍。卷叶蛾类中茶小卷叶蛾主要分布在偏北的茶区(江苏、浙江、安徽),茶卷叶蛾主要分布在南方茶区(湖南、广东、广西)。茶细蛾在全国各地均有发生。象甲类中茶丽纹象甲主要发生在江苏、浙江、安徽、福建、湖南等省茶区。成虫咬食叶片。绿鳞象甲主要分布在广东、广西、四川等地,成虫

咬食芽叶。

（2）吸汁类害虫　这是我国茶区中发生最重、为害最大的一类害虫。最主要的种类有假眼小绿叶蝉，在全国各茶区均有发生，为害严重。粉虱类害虫中包括黑刺粉虱和柑橘粉虱等几种，以黑刺粉虱发生最重，为害后树势明显衰退，还可引起煤病。蓟马类害虫主要在我国西南茶区发生，主要种类为茶黄蓟马。蚧类也是茶树上为害较重的一类害虫。蜡蚧中以角蜡蚧、龟蜡蚧、红蜡蚧等几种在我国四川、贵州等茶区发生很普遍。盾蚧中以蛇眼蚧、椰园蚧、长白蚧等几种发生最普遍，在浙江、湖南、安徽等省茶园中发生严重。茶蚜在新茶园中发生很普遍。此外，茶网蝽（又名茶军配虫）在四川、贵州、云南、广东等省发生，叶面形成许多灰白色细小斑点，引起树势衰退。

（3）茶叶螨类　主要种类有茶橙瘿螨、茶叶瘿螨、茶跗线螨（又名茶黄螨）、茶短须螨、咖啡小爪螨等几种。茶橙瘿螨和茶叶瘿螨常混杂出现，在全国茶区均有发生。为害后使茶树芽叶背面呈红褐色锈斑，芽叶萎缩，严重时引起落叶。茶跗线螨主要分布在四川、贵州、江苏、浙江等省茶区，为害后新梢背面呈浅铁锈色，叶片僵化变厚，生长停滞，芽叶萎缩。茶短须螨已知分布在浙江、山东、湖北、广西、海南等省、自治区茶区，为害后叶片局部色泽变红，叶背有许多紫褐色突起斑，主脉呈紫褐色，叶柄发生腐烂，引起大量落叶。咖啡小爪螨已知分布在福建、广东、海南、广西等地，为害后叶片局部呈暗红色，叶面有白色屑状物和细微蛛丝，严重时引起落叶。

（4）钻蛀类害虫　主要发生在各地老茶园中，主要种类有茶枝镰蛾（茶蛀梗虫）、茶枝木掘蛾（堆砂蛀蛾）、天牛类和茶梢蛾等几种，使茶树生长受阻，枝干枯死。茶梢蛾可在新茶园中蛀害嫩梢，使茶梢凋萎枯竭，易于折断，在我国四川、贵州、福建等省发生较普遍。

（5）地下害虫类　主要种类有蛴螬、地老虎、蟋蟀等几种，在幼龄茶园和苗圃中发生较普遍。白蚁在我国南方偶有发生。

### 2. 茶树病害

（1）芽叶病害　茶饼病是我国茶树病害中危害最严重的一种芽叶病害。主要分布在海拔较高的高山茶区。日照少、多雾、高湿是病害流行的主要条件。受害后对产量、质量有很大影响，在四川、贵州、云南、海南等省高山茶区中危害严重。茶白星病也是主要分布在高山茶区中的一种芽叶病害，在浙江、江苏、安徽、贵州、四川、江西等省均有发生，病叶味苦，品质低劣。其他叶病有茶炭疽病、茶云纹叶枯病、茶芽枯病，在各种茶区均有不同程度的发生。茶红锈藻病是近年来发展较快的一种病害，在叶部和茎部均有发生，是由藻类引起的一种病害，有由南向北逐渐发展蔓延的趋势。病树生长受阻，芽叶稀少，明显引起减产。

（2）茎部病害　种类很多，但发生一般不严重。比较普遍的有茶枝梢黑点病。此外，膏药病、茶胴枯病及地衣苔藓类危害主要发生在老茶园中，引起树势衰退。

（3）根部病害　茶根腐病是我国广东、广西、云南、海南等南方茶区中发生普遍的一类病害，尤其在由森林垦植而成的茶园中发生较重。茶根腐病种类很多，包括茶红根腐病、茶褐根腐病、茶黑根腐病、茶紫纹羽病等。受害后引起整株茶树死亡，并向周围蔓延，引起茶园缺株。茶苗根结线虫病是茶苗的一种根腐病，病原是多种线虫引起，病株叶色发黄，生长矮小，根部有圆形小颗粒，发生后使茶苗成片枯萎死亡。此外，茶苗根病还有白绢病、根癌病等，白绢病在病根上形成白色绢丝状膜层。根癌病使扦插苗根上产生癌肿状物,致使茶苗枯死。

### 3. 茶园杂草

杂草是茶园中的有害植物,与茶树争肥、水、阳光,使树势衰弱,影响产量和品质。茶园杂草种类很多,主要有:禾本科的看麦娘、马唐、狗牙根、早熟禾、白茅;菊科的蒲公英、马兰、鼠麹、苍耳;石竹科中的雀舌、繁缕;蓼科中的萹蓄、旱苗蓼;大戟科中的地锦;莎草科中的香附子;茜草科中的猪殃殃;酢浆草科中的酢浆;车前科中的车前;马齿苋科中的马齿苋;十字花科中的荠和马鞭草科中的马鞭草。

## (二)无公害茶园控制病、虫、草害遵循的原则

无公害茶园有害生物控制是指采用农业、生物、物理和机械防治技术和无公害茶园允许使用的化学防治技术进行茶园有害生物的综合治理,以保留少量有害生物为代价,达到茶园生态系的种群平衡和无污染、无残留、无公害的防治要求。这比过去传统的有害生物防治要求有进一步的提高,根据现代科学的发展,在进行无公害茶园有害生物的防治时,应遵循如下五个原则。

### 1. 食物链中生态系种群平衡和生物多样性原则

生态系是由一连串互相依赖的食物链组成的,这些食物链的组织成员间相互依存和赖以生存,当缺少其中某一个链时,就会使整个食物链受到影响,使生态系中的种群平衡受到破坏。例如茶园生态系中,茶树-茶树害虫-茶树害虫的捕食性和寄生性天敌便是一种食物链的关系。茶树害虫以取食茶树而得以生长繁衍,而茶园中的天敌则以捕食或寄生于茶树害虫为生,它们之间的相互依存关系导致了种群间的相对平衡,当其中的一环发生种群数量的变化,便会导致其他成员种群数量的变化。如害虫的天敌种群因人为因素或自然因素而减

少时,与其关系密切的害虫种群数量便会随之增加,甚至出现
猖獗发生的情况。化学农药诱使害虫再猖獗的主要原因,是杀
灭了食物链中的天敌营养级,使得茶园害虫种群数量上升。因
此,在无公害茶园有害生物的控制中,最重要的就是保持食物
链各营养级种群数量的平衡以及生态系中的生物多样性,这
是避免出现茶园中有害生物猖獗发生的生态学基础。

### 2. 有害生物控制的可持续性原则

可持续农业是未来农业的发展方向,有害生物的控制作
为可持续农业生产的一个重要组成成分,在可持续农业中具
有很重要的作用。对无公害茶园中的有害生物控制,应充分考
虑到措施的可持续性,既要考虑到当时当地有害生物的发生
与危害,也要考虑到未来及更大时空尺度的有害生物发生与
发展;既要考虑到满足当代人的生存需求,也要考虑到长远和
未来,建立一个可持续的有害生物管理体系。同时在措施的应
用上,要考虑其可持续控制的作用,也就是不仅要有短期效
果,而且要有长期效应,要吸取我国 20 世纪五六十年代中普
遍应用六六六和滴滴涕后短期效果很好,但从可持续发展来
看却带来了长周期的不良后果的教训。当前我国广泛应用昆
虫病毒和虫生真菌防治茶树上的植食性害虫,就是一项具有
可持续效果的单项措施。这些有益微生物可在田间自然条件
下定殖,不仅对防治当代害虫有效,而且还可以发挥继代作
用,起到可持续控制的效果。

### 3. 有害生物控制的综合协调治理原则

茶园有害生物的控制应强调综合协调治理的原则,也就
是要从茶园生态系的总体出发,有机协调农业、生物、化学等
治理措施,目标是将茶园有害生物种群数量,控制在经济为害
阈值以下,保持生态系的种群动态平衡。在这里所提出的综合

协调治理原则,一是指防治技术上的综合协调性,避免过分倚重某一项技术的作用;二是指对茶园生态系中各级营养层种群数量的协调平衡,使得生态系中的种群能互相依存和制约。

### 4. 有害生物控制中的共生互惠原则

自然生态系统中多种生物共生互惠是长期自然选择的结果,充分发挥系统内外一切可利用的互惠因素,调动积极因素,使得生态系统中的各营养级成员间的种群数量向着有利于人类利益的方向发展。如在发展茶园时合理种植和保护周围的林木资源,提供良好的生态环境,使得茶树及其周围的林木树种共生互惠,同时也为茶园中有害生物的天敌资源提供必需的阴湿环境,以发挥有益生物对有害生物的控制作用。特别对无公害茶叶生产而言,充分发挥天敌生物资源的作用,最大限度地减少化学农药的用量是最为重要的原则。

### 5. 有害生物控制中的相争相克、协同进化原则

自然界除了存在共生互惠外,也同样存在激烈的物种间的竞争和相克关系,使物种达到优胜劣汰,使得生态系统得以保持暂时平衡,达到协同进化。因此,要在掌握生态系中有益生物资源的基础上,创造适宜空间为有益生物资源创造生态位,以充分发挥其对有害生物的控制效果。

### (三)无公害茶园病、虫、草害的综合防治

综合防治是对有害生物进行科学管理的体系。它从农业生态系总体出发,根据有害生物和环境之间的相互关系,充分发挥自然控制因素的作用,因地制宜地协调应用必要的措施,将有害生物控制在经济危害允许水平之下,以获得最佳的经济、生态和社会效益。我国的茶叶生产虽然从 20 世纪 70 年代起就已经提出综合防治,但由于农业防治和生物防治的技术尚不成熟,所以在很大程度上仍然是以化学防治为主的防治

技术。

综合防治是因地制宜地采用农业防治、生物防治、物理防治、机械防治和化学防治相结合的综合性防治技术,对有害生物进行控制和治理。根据综合防治的要求,必须从如下几个方面来考虑措施的应用。

### 1. 全局性

综合防治的要求是从茶园生态系的整体考虑,从生产全局出发,创造不利于有害生物发生和有利于有益生物以及茶树生长的环境条件。在考虑采用一种措施时,除了考虑对目标有害生物的防治效果外,还必须同时考虑对整个茶园生态系的影响,也就是不仅要考虑对有害生物的防效,也要考虑对有益生物和茶树的影响;不仅要考虑当前的效果,还要考虑长远的效益。因此,综合防治的技术措施必须要有整体观念和全局观念。一项措施的运用要有利于茶园生态系中种群的平衡,避免由于一项措施的运用使得有益生物的种群数量减少而出现其他有害生物种群猖獗发生的不良后果。

### 2. 综合性

综合防治系统中的各项措施,包括农业防治、生物防治、物理防治、机械防治和化学防治,都各有特长,也都有其局限性。要充分发挥各自的优越性,减弱其局限性。必须在有害生物的综合防治中树立综合的、协调的观点,将各项措施取长补短,相辅相成,特别是考虑化学防治与生物防治之间的协调,要减少化学农药的用量,即使在进行化学防治时,也要将对有益生物的损害减少到最小程度。

### 3. 经济性

综合防治效果的成功与否,不只是要看其直接的防治效果和由此带来的经济效益,更重要的要看其长期的经济效益。

过去提出的"见虫就治"和"治早、治小、治了"的提法，从长期实践效果来看是片面的。由于"见虫就治"和"治了"的提法，往往使得有益生物种群也同样受到很大影响，可能引起有害生物的再猖獗现象。为了保持茶园生态系的种群平衡，保护有益生物，从经济学观点来看，应根据生态系中有害生物的数量是否已经达到会使茶园受到经济损失的密度水平，也就是根据经济阈值来制订防治指标。凡是低于防治指标的种群数量，不必进行化学防治，一方面可以降低防治成本，同时也可以保护有益生物种群的数量。

### 4. 环境安全性

综合防治应以能保护环境安全，保护人、茶树、有益生物的安全为原则，一切措施应不引起环境污染为标准。使用化学防治时，要一方面考虑到环境的安全和对有益生物的杀伤程度，还要贯彻实施安全使用标准，遵照登记允许的有效剂量和在一定的安全间隔期后方可进行采摘，以保证采下的茶叶中不含有农药，或含有量低于允许残留限量的水平，以保证饮用者的身体健康。

### （四）无公害茶园病、虫、草害控制的关键技术

无公害茶叶应该是指不含有有害物质或者其含量低于允许标准的茶叶产品。由于无公害茶叶有不同的名称和要求，因此也就应该根据不同的无公害茶叶的要求来实施其技术措施，包括对病、虫、草害的控制技术。例如，有机茶和绿色食品茶的 AA 级就绝对不允许使用任何人工合成的化学肥料和化学农药，而其他的无公害茶产品（如绿色食品茶 A 级）就允许有限度地使用化学肥料和化学农药，但必须保证其产品中的有害物质含量低于规定的允许标准。因此，下面介绍病、虫、草害控制的关键技术，也将根据不同类型茶园的不同要求而予

以分别介绍。

**1. 改善茶园环境,发挥茶园的自然调控能力**

根据以上介绍的食物链中生态系种群平衡和生物多样性原则,创造一个良好的生态系环境,使得有利于茶树和有益生物种群生长和繁衍是搞好综合防治的基础。实践证明,保持茶园的树冠郁闭密集,可有利于天敌昆虫的藏匿和栖息,茶园周围进行植树造林和种植遮荫树、防风林,使茶园周围有丰富的植被,这有利于茶园生态系中的生物多样性,以发挥茶园的自然调控能力,使生态系中的种群能处于相互依存、相互制约的状态,达到动态的平衡。因此,在发展无公害茶园,特别是有机茶园时首先要选择植被丰富、造林条件好、小气候条件适宜的山地或半山地作为营造茶园的立地条件。调查表明,这种茶园要比行间裸露、植被单一的茶园蕴藏有更多的生物种群,尤其是处于第三营养层的有益生物种群,这样就为有害生物的综合防治打下一个良好的基础并创建了良好的外界条件。

**2. 以农业防治为基础,恶化有害生物的生存条件**

以田间栽培管理为基础的农业防治是一种温和的调节措施,它以改变茶园生态中有害生物的栖息生境、恶化其生存条件为主要目标,由于农业防治成本低,具有预防效果,对环境和对茶叶产品无污染。因此,在综合防治系统中发挥越来越大的作用,特别是无公害茶叶的生产,要尽量减少化学防治的强度,这就必须进一步发挥农业防治的作用。

(1)推广优良无性系品种　品种的抗病虫性一直是各种作物上病虫防治的一项重要措施。茶树是一种多年生植物,在种植时就必须对品种、对当地主要病虫的抗性有所了解,一旦种植后不像1年生植物那样易于更换。同时要重视不同品种的搭配,避免单一品种的大面积种植。要吸取日本在发展单一品种时所带来的负面效应。日本83%的茶园面积都推广薮北品种。该品种产量较高,萌发较早,但抗病性较弱,特别是对茶炭疽病表现易感。在大面积种植单一品种后,出现了萌发期过于集中,即使用采茶机进行采摘,仍有不能及时采下的现象,同时出现了茶炭疽病的流行。因此,从上世纪90年代起,日本政府已提出"品种导入计划",使每一地区有4~5个品种,改变单一品种的缺点。在选择品种时,要根据当地主要病虫种类选用抗性较强的品种。如茶云纹叶枯病,一般大叶种的抗病性比小叶种低。在同样的条件下,感病品种在茶树上的潜育期较短,病斑数量较多,而抗病品种在茶树上的潜育期较长,病斑数较少(表3-26)。又如,不同茶树品种对炭疽病的抗性也存在很大差异。由于炭疽病菌是从茶树叶片背面的茸毛侵入,并由此管腔进入到叶片组织中去,因此,不同品种叶片背面茸毛

**表3-26  不同抗病性的茶树品种在接种云纹**

**叶枯病菌后的潜育期和病斑数**

| 品　种 | 龙　井 | 福　鼎<br>白　毫 | 鸠　坑 | 政　和<br>大白茶 | 楮叶种 | 云台山<br>大叶种 | 福　建<br>水　仙 | 云　南<br>大叶种 |
|---|---|---|---|---|---|---|---|---|
| 潜育期(天) | 7~14 | 9~11 | 7~9 | 6~9 | 6~8 | 7~11 | 5~7 | 4~6 |
| 平均每叶病斑数 | 2.22 | 1.33 | 3.20 | 5.40 | 4.20 | 3.00 | 4.17 | 3.07 |
| 抗病性程度 | 强 | 强 | 中等 | 中等 | 中等 | 中等 | 弱 | 弱 |

的多少和茸毛管腔封闭速度与抗病性有密切关系。茸毛多的品种一般比茸毛少的品种易感病,茸毛管腔封闭速度快、木质化程度高的品种,由于堵塞了病原菌菌丝体的通道,因而表现抗病。又如茶芽枯病是浙江、安徽等省春茶期的一种病害,品种间有很大差异。一般芽梢萌发早的品种(如黄叶早、清明早、龙井43号)发病较重,而萌发迟的品种(如鸠坑、乐清青茶等)

发病较轻。品种的抗虫性不如抗病性那么明显。但不同品种间也存在一定差异。如贵州湄潭茶叶研究所调查报道,该所选育的黔湄 415,416,419 和广西高脚茶对牡蛎蚧有很强的抗性。另据日本研究发现,茶芽梢中精氨酸含量占总氨基酸含量 7%～9%以上的品种易发生茶叶螨类。斯里兰卡资料称,茶树芽梢中紫红玫质含量较高的品种易发生咖啡小爪螨。因此,在选择种植的无性系良种时,除了要考虑其产量质量水平、气候适应性、茶类适制性外,还要考虑其对当地主要有害生物的抗性程度,在无公害茶叶生产中,更应予以注意。

(2)合理采摘 采摘是从茶树上收获嫩梢的农业措施,同时对某些病虫也具有一定的防治效果。许多趋嫩性强的害虫如假眼小绿叶蝉、茶蚜、茶橙瘿螨、茶跗线螨和茶细蛾等,主要分布在嫩梢上,此外有些害虫(如假眼小绿叶蝉)的卵就产在嫩梢内,因此通过分期分批采茶,可以采除大量害虫和害虫的卵,起到一定的防治作用。表 3-27 是不同采摘标准下对各种茶树害虫的采治效果。

表 3-27 不同采摘标准下对几种害虫的采治率 (%)

| 采摘标准 | 假眼小绿叶蝉(卵) | 茶跗线螨 | 茶橙瘿螨 | 茶细蛾 | 茶蚜 |
|---|---|---|---|---|---|
| 1 芽 2 叶 | 41.2 | 87.7 | 48.8 | 53.5 | 82.2 |
| 1 芽 3 叶 | 85.5 | 98.6 | 67.5 | 92.6 | 97.7 |
| 1 芽 4 叶 | 99.4 | 99.4 | 76.6 | 100.0 | 99.4 |

(殷坤山,2000 年)

(3)修剪与治虫 适度修剪可以促进茶树生长发育,增强树势,扩大采摘面。茶树根据修剪的程度分为轻修剪、深修剪、重修剪,其修剪的深度分别为 3～5 厘米、10～15 厘米、离地面 40 厘米剪去全部树冠。修剪除了是一项栽培技术外,还具有一定的防除病虫的效果。一般来讲,修剪的程度愈深,被剪除的病虫种类和数量也愈多。但针对不同病虫种类,可采用不同修剪高度进行控制。如假眼小绿叶蝉、茶橙瘿螨、茶蚜、茶梢蛾等害虫,主要栖集于茶树表层,每年早春进行1次轻修剪,对这些害虫具良好的控制作用。卷叶蛾类和茶细蛾在茶树冠面的位置比上述几种害虫要深一些,采用深修剪可以达到剪除的效果。对长白蚧、龟甲蚧等一些蚧类,在发生严重的茶园可采用台刈进行彻底防治。图3-10是不同修剪深度、不同茶树害虫栖集及发生部位的关系图。

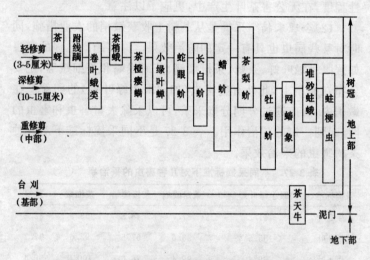

**图3-10　茶季不同程度修剪控制茶树害虫示意图**

(殷坤山,2000年)

(4)茶园土壤耕作　对于一些部分虫态在茶园土壤中生活的茶树害虫和一些病原菌在茶树落叶中越冬的茶树病害以及茶园杂草而言,土壤耕翻可以对这些有害生物起一定的防治作用。如多数鳞翅目食叶害虫的蛹都在茶园的浅土层中越冬,部分刺蛾在茶丛根际枯枝落叶和土壤缝隙中结茧、化蛹和越冬,茶丽纹象甲的卵、幼虫、蛹期都在土壤中度过,这些害虫在土壤耕翻时会被翻入较深的土层中而不能羽化出土。因此,耕翻除了可以使土壤疏松,有利于茶树根系生长发育外,还可以起到防治病、虫、草害的作用。表3-28是在土壤中越冬的主要害虫的入土习性。许多茶树叶病的病原菌可以在茶树根际落叶中越冬,土壤耕翻后可使落叶翻入深土层中腐烂而死亡。如茶云纹叶枯病落叶中的病原菌在表土经过冬季后仍有82.3%的病菌存活,而在土内5厘米、10厘米和15厘米处的落叶中的病原菌,由于落叶的腐烂而大部分死亡,分别只有16.6%,10%和8.3%存活。可见,耕翻深度愈深,病原菌的存活率也愈低。对于杂草而言,耕翻则是传统的除草方法。

**表3-28　主要茶树害虫的入土越冬习性和时间**

| 害虫名称 | 入土虫态 | 入土越冬深度(厘米) | 入土时间 |
|---|---|---|---|
| 茶尺蠖 | 蛹 | 3～5 | 10月上旬(浙江) |
| 油桐尺蠖 | 蛹 | 3～5 | 11月中旬(湖南) |
| 扁刺蛾 | 老熟幼虫(结茧) | 6～16 | 10月中旬(江西) |
| 茶刺蛾 | 老熟幼虫(结茧) | 枯枝落叶、浅土层 | 9月中下旬(江西) |
| 褐刺蛾 | 老熟幼虫(结茧) | 根际浅土层 | 9月中下旬(福建) |
| 茶蚕 | 蛹(结茧) | 枯枝落叶间 | 10月(江西) |
| 茶丽纹象甲 | 幼虫 | 3～6 | 6～7月(浙江) |
| 绿鳞象甲 | 幼虫 | 3～6 | 10月(广东) |
| 茶籽象甲 | 幼虫 | 10～15 | 9～11月(四川) |
| 茶短须螨 | 成螨 | 0～3 | 9～10月(浙江) |

(5)施肥　施肥既是一项增产措施,同时也和病虫发生有密切联系。大量使用氮肥会使茶树病虫的发生加重。尤其是

茶树上的蚧类和螨类的发生受植物施肥的影响很大。因为蚧和螨类属肠外消化的刺吸式口器有害生物,它们只能直接利用植物体内现成的简单化合物作为营养,而缺乏在体内将复杂化合物分解成简单化合物的能力。因此,这类有害生物的发生和茶树体内的营养状况关系更为密切。日本的一项研究证明,化肥施用量过多会使茶树芽叶中的缬氨酸、亮氨酸、异亮氨酸、丙氨酸、赖氨酸,特别是精氨酸的含量增加,而天门冬氨酸、谷氨酸、谷氨酰胺的含量相对减少,而精氨酸对蚧、螨类具有刺激产卵的作用。相反,增施有机肥或鱼粕肥会使精氨酸含量减少。日本有用精氨酸/茶氨酸比值来反映不同品种和不同栽培状况下茶树对螨类的抗性程度。凡此值愈大,表示精氨酸含量愈高,则抗螨性愈弱。反之,茶氨酸含量较高时,茶树的抗螨性愈强。因此增施有机肥可以增强茶树对蚧、螨类的抗性。此外,增施磷、钾肥一般可以加强茶树对病害的抗性。日本从上世纪 80 年代末在茶园中大量施入化肥后引起茶炭疽病和茶轮斑病的大发生,也说明了施肥和茶树病虫发生间的关系。

(6)其他农业措施  中耕松土、抗旱保湿、疏枝清园等农业措施是茶园管理中的常用技术,由于它直接改变了茶园的生态环境,因而间接地影响茶园的病虫发生。中耕松土不仅可以保持地力,减少土壤水分的蒸发,而且可以清除病虫的潜藏场所;一些在土中化蛹或幼虫期在土中的害虫种类(如茶尺蠖、扁刺蛾、茶丽纹象甲等),通过中耕可使其暴露于土表或直接被杀伤。夏季干旱常是茶云纹叶枯病、茶赤叶斑病、茶苗白绢病等病害的发生诱因,因此抗旱保湿对上述茶树病害起着间接的防治作用。干旱季节进行喷灌,可以抑制茶树害螨的发生。疏枝清园是将茶丛下部密而细弱的茶枝剪去,茶行间进行边缘修剪,扫除茶丛根际周围的枯枝落叶,铲除园内或园边匿藏越冬病虫的杂草,这样既可使茶园通风透光、抑制黑刺粉虱和蚧类的发生,同时对消灭越冬病虫,减少第二年发生基数也有一定作用。

### 3. 因虫制宜,合理进行物理机械防治

物理机械防治是利用害虫的特殊趋性或习性,采用人工或机具进行害虫防治的方法。在茶树有害生物的物理机械防治中,最常见的是灯光诱杀法。这是利用害虫对光的趋性,使用人工光源来诱捕害虫。茶树害虫中趋光性较强的种类有:茶尺蠖、油桐尺蠖、木橑尺蠖、灰尺蠖、茶黑毒蛾、茶刺蛾、扁刺蛾、茶叶斑蛾等。对这些害虫均可利用其趋光性进行诱集以预测和防治。人工光源利用较多的是黑光灯。据杭州市茶叶研究所观察,在大发生年份,平均每只黑光灯年诱捕茶尺蠖成虫量在1 000头以上,最多时一夜可诱捕300余头。

除了光外,利用害虫对不同颜色的偏嗜性,也可以作为物理防治的一项内容。如茶尺蠖初孵幼虫对柠檬黄、土黄、黄绿色有较强趋性,因此可于卵孵化期在茶园茶行中安装上述颜色的纸片,每天及时收集纸片上的幼虫集中杀灭,或在纸片上涂有触杀作用的农药,直接予以杀死。茶蚜对油菜花黄、橄榄黄绿和玉髓绿等黄绿色的色彩有较强趋性,茶假眼小绿叶蝉成虫对琥珀黄、油菜花黄、麦秆黄和湖水蓝等偏黄偏蓝的颜色趋性较强。茶黄蓟马对黄色和绿色有强趋性。因此,在无公害茶园中对上述几种害虫的防治也可以采用涂有粘物的色板进行诱捕。

人工捕杀是机械防治法中的一种,也是我国茶农在化学农药应用尚不普遍地区采用的一种传统方法。这是利用害虫的栖息场所或特殊习性进行捕杀。如茶蚕和茶毛虫在未老熟前有群集习性,可以进行人工捕杀。4~6龄地老虎常将咬断

的茶苗拖回土穴中，人们可根据此现象扒土捕杀。茶毛虫以卵成堆在茶树叶背越冬，因此可利用冬季进行人工收集捕杀。油桐尺蠖成虫常在茶园周围的树木上栖息，可进行人工捕杀。此外，可利用害虫的某些特殊趋性，如地老虎成虫对糖、酒、醋液的趋性，白蚁对甘蔗渣的趋性，进行人工诱杀。

由于物理机械防治是利用害虫的某些趋性和习性进行防治，因此一种方法不是对所有的害虫都有效，应因虫制宜，开展物理机械防治。

### 4. 大力发展生物防治，保护和利用天敌资源

有益生物是在茶园生态系中和有害生物同时存在，并相互依存和制约的一类生物。茶树作为一种饮用作物，对化学农药的使用有更大的限制性，特别是在无公害茶叶生产的实施中，大力发展生物防治，减少化学农药的使用量具有重要的现实意义。生物防治一般是指用食虫昆虫（螨）、寄生性昆虫、病原微生物或其他生物天敌来控制、压低和杀灭有害生物。它具有对人、畜无毒，不污染环境，对茶树和其他生物无不良影响，有比较长期的效果等优点；但另一方面，由于天敌本身也是一种生物，受环境影响较大，有的种类的繁殖和饲养工作比较复杂，同时与化学防治有较大的矛盾。自然界中有丰富的生物资源。据调查，我国贵州省有茶园天敌昆虫 160 余种，蜘蛛 50 多种，害虫病原微生物 20 余种；安徽报道有茶树害虫的天敌 200 余种。在天敌资源调查的基础上，我国各产茶省已针对一些主要的茶树害虫进行了天敌调查和使用。据赵烨峰、侯建文调查（1982），茶尺蠖在安徽省有天敌 50 多种，其中寄生性天敌 10 种，捕食性天敌 37 种，病原性微生物 4 种。胡萃等（1994）报道了捕食茶尺蠖的 9 种蜘蛛，隶属于球腹蛛科、皿蛛科、漏斗蛛科、猫蛛科、管巢蛛科和蟹蛛科等 6 个科中的种类。

张觉晚(1959)调查报告,茶毛虫在湖南记载有天敌 10 余种。张汉鹄(1980)调查报道,茶蚜的天敌在安徽已记载的有食蚜瓢虫和草蛉 25 种、食蚜蝇 9 种,还有蚜茧蜂和食蚜螨数种。陈银方等(2000)报道了我国茶园中有捕食性蜘蛛 27 科 290 种。这些都是茶园中有害生物防治的天敌资源。

在茶园的生物防治中,大致有如下几个方面。

(1)以虫治虫 我国从 20 世纪 70 年代起就相继开展了利用有益天敌昆虫(包括捕食性蜘蛛和捕食性螨类)防治茶树害虫的研究和应用。浙江农业大学和杭州茶叶试验场 1980 年采用人工饲养茶尺蠖绒茧蜂(*Apanteles* spp. )进行田间释放,使茶尺蠖的田间寄生率由对照区的 11.34%～17.31%上升到 86.57%～90.9%。绒茧蜂对茶尺蠖和茶细蛾在自然条件下就有很高的寄生率,有的年份秋季田间茶尺蠖被绒茧蜂自然寄生率可高达 70%。这样高的寄生率,即使不再采用其他措施也足可控制田间茶尺蠖的发生。茶小卷叶蛾是安徽茶区的一种重要害虫,安徽农业大学从 1975 年起用人工繁殖松毛虫赤眼蜂进行释放,防治效果在 70%左右。此外,如人工繁殖茶毛虫黑卵蜂(*Telenomus euproctidis*)来防治茶毛虫,用红点唇瓢虫(*Chilocorus kuwanae*)防治长白蚧和椰圆蚧以及用异色瓢虫(*Leis axyridis*)防治茶蚜等均获得一定的效果,但尚未达到大面积生产应用的程度。

捕食性蜘蛛是茶园中一类重要的害虫天敌。茶园中主要的捕食性蜘蛛种类有草间小黑蛛、八点球腹蛛、三突花蛛、斜纹猫蛛、斑管巢蛛、黄斑蝇豹、迷宫漏斗蛛、花腹盖蛛等。其中尤以草间小黑蛛和八点球腹蛛数量占优势。茶园蜘蛛对害虫具有良好的攻击效应,即使遇到较大的虫体,也可以先将其咬昏,而后慢慢取食。茶树中的各种鳞翅目害虫(包括成虫和幼虫)、叶蝉、蚜虫等都是蜘蛛的捕食对象。一般每头捕食性蜘蛛每日可捕食各种鳞翅目食叶幼虫1.2～2.7头。捕食性蜘蛛在树势郁闭、覆盖度较大的茶园中数量较多。在茶园有害生物种群密度较大的情况下,蜘蛛的发生量也相应较多。捕食性蜘蛛在全年中以春、秋两季数量较多,因为蜘蛛对温度非常敏感,适温范围为15℃～30℃。夏季高温和寒冬大部分在落叶和土壤缝隙中蛰伏越夏、越冬。因此,应创造有利于蜘蛛种群生存繁衍的条件,以充分发挥捕食性蜘蛛对茶树有害昆虫的控制作用。

除了捕食性蜘蛛外,捕食性螨也是茶园中一类重要的天敌。在茶园中通常在叶片上可以见到呈鲜红色、虫体较大、在叶面爬行的螨类,就是捕食性螨类。四川省农科院茶叶研究所在上世纪70年代引进畸螯螨(*Typhlodromus pyri*)防治茶跗线螨,1头成螨24小时内可捕食害螨卵1～25粒,幼螨6～25头,成螨2～14头。如按益螨与害螨1:10的比例释放,5～15天内可将害螨密度控制在经济为害水平以下。四川苗溪茶场王朝禹在上世纪80年代曾采用人工饲养的德氏钝绥螨(*Amblyseius deleoni*)在茶园中释放,对控制茶跗线螨有较好效果。

以虫治虫在茶叶生产中害虫的控制上具有重要的作用,但天敌的饲养繁殖具有一定的技术难度。各地应根据当地条件,在掌握天敌资源的基础上,保护并进一步利用天敌,充分发挥现有资源的作用。有条件的可进行人工饲养繁殖,进行田间释放,也可以向赤眼蜂生产单位购买赤眼蜂的卵卡,对小卷叶蛾、茶卷叶蛾发生严重的茶园,适时进行放蜂,可获得良好的防治效果。

(2)有益微生物的应用　有益微生物的人工培养繁殖容

易,使用方便。由于茶园中一般杀菌剂使用较少,有利于有益微生物在自然条件下定殖,因此,在对茶园有害生物的控制上,有益微生物可以发挥越来越重要的作用。有益微生物可以分为真菌、细菌和病毒 3 类。

①病原真菌　据报道,已从茶树害虫上分离到的病原真菌有 20 余种。但最重要的种类有白僵菌(*Beauveria bassiana*)、绿僵菌(*Metarhizium anisopliae*)、细脚拟青霉菌(*Paecilomyces tenuipes*)、韦伯虫座孢菌(*Aegerita webberi*)、圆孢虫疫霉(*Erynia radieans*)、圆子虫霉(*Entomophthora sphaerosperme*)和腥红菌(*Nectria flammea*)等几种。

白僵菌是世界上已大量商品化生产的有益昆虫致病真菌。病菌孢子通过害虫表皮的气孔直接侵入虫体,并在昆虫血液中萌发。萌发的菌丝体逐渐杀死被寄生的昆虫。白僵菌是我国有大量生产并应用广泛的一种有益病原真菌。它对茶毛虫、茶尺蠖、茶蚕、茶小卷叶蛾等多种鳞翅目害虫的幼虫有很强的致病作用,应用浓度为每毫升 0.1 亿~2 亿个孢子,防效在 70%~100%。在无公害茶叶生产中可用白僵菌制剂来防治各种鳞翅目食叶害虫的幼虫,对小绿叶蝉也有一定效果。福建农科院茶叶研究所从白僵菌中分离出一个 871 菌株,用于防治茶丽纹象甲,每 667 平方米用菌量 1~2 千克,在蛹期施于土中,1 年施菌 2 次,防效为 79%~90.9%。

绿僵菌是另一种有效的昆虫病原真菌。它对鳞翅目食叶害虫的幼虫和鞘翅目害虫(如茶丽纹象甲)均有良好效果。它主要侵入昆虫的表皮细胞和血液中发挥作用。绿僵菌在我国的应用不如白僵菌普遍。在无公害茶叶生产中可用绿僵菌制剂防治茶园中多种鳞翅目食叶害虫的幼虫和茶丽纹象甲、绿鳞象甲等鞘翅目害虫。

拟青霉是茶树上多种害虫的致病病原。已记载的有:寄生在茶尺蠖、卷叶蛾、茶毛虫等鳞翅目害虫蛹上的细脚拟青霉(*Paecilomyces tenuipes*)和粉质拟青霉(*P. farinosus*),寄生在粉虱上的玫烟色拟青霉(*P. fumosoroseus*),寄生在卷叶蛾的蛹茧上的斜链拟青霉(*P. catenianulatus*)等几种。如细脚拟青霉对茶尺蠖老熟幼虫和蛹有较强的致病力,在田间条件下,喷施每毫升 0.2 亿～0.3 亿个孢子的培养液,对茶尺蠖的防效在75%～100%。

韦伯虫座孢菌是上世纪 90 年代由中国农业科学院茶叶研究所从黑刺粉虱患病幼虫体上分离获得的,它常和拟青霉菌混杂发生。用每毫升含$1 \times 10^7$～$10^8$孢子的病菌培养液在田间喷施黑刺粉虱虫体,防效在 83.4%～86.7%,与化学农药防治的效果(79.4%～82.3%)无显著差异。在田间的残效可持续 3 年以上,喷施1～2 次的茶园,绝大多数黑刺粉虱虫体被寄生。目前已有韦伯虫座孢菌和拟青霉混合的制剂生产,并在茶叶生产中应用于黑刺粉虱的防治。

圆孢虫疫霉是上世纪 90 年代由中国农业科学院茶叶研究所从安徽茶尺蠖患病虫体上分离获得的。由于此菌人工繁殖较为困难,目前尚无制剂生产应用。

其他如圆子虫霉在小绿叶蝉上的寄生,腥红菌在多种蚧虫上的寄生,在我国茶园中都很普遍,据贵州报道,腥红菌对蚧虫的寄生率有时可高达 97%以上。

以菌治虫在茶叶生产中有广阔前途,是茶园生态系中有害昆虫种群控制的一个重要因素。但在使用上也有一定限制,必须在高湿条件下应用,方可获得良好的效果。

应用有益真菌防治茶树病害的研究和报道还不多,但应用木霉菌(*Trichoderma*)防治土壤中的根腐病菌在国内外均有报道。增施有机肥可以促使土壤中有益微生物增加,尤其是使具有抗生作用的木霉菌增加,可用以防治茶树各种根腐病。

②病原细菌　应用病原细菌来防治和控制茶园有害生物,其中以苏云金杆菌(*Bacillus thuringiensis*, 简称 Bt)是最普遍也是最有效的一种细菌。在我国运用最多的是对鳞翅目食叶幼虫有高效的 *kuistaki* 亚种。苏云金杆菌是一种产生芽孢的革兰氏阳性菌,在孢子形成过程中产生伴孢晶体、朊蛋白和晶体包含体,它的杀虫活性主要是由存在于细胞内的外染色体质粒的功能决定的。这些质粒携带的基因,编码各种晶体包含体内的蛋白质,这些包含体对昆虫有毒。经过昆虫的消化,晶体蛋白质被溶解,昆虫肠道的蛋白酶将它转化为毒素,造成对昆虫的毒性。由于晶体包含体必须在昆虫的肠内经过消化才可发挥作用,因此效果表现得比较慢。目前我国生产的青虫菌、杀螟杆菌等就是苏云金杆菌的不同变种。一般对苏云金杆菌制剂称为 Bt 制剂。它对多种鳞翅目食叶害虫(如尺蠖、毒蛾、刺蛾等)都有良好效果,但不同的产品在效果上差异很大,应先进行试验后再推广。在无公害茶叶生产中可广泛应用,但应注意本菌对家蚕具有高致病力,因此在茶桑交叉种植地区应慎重使用,以免引起家蚕中毒死亡。

除了苏云金杆菌外,茶树叶面上常有一些有益微生物区系对茶树病菌有抑制作用。安徽农业大学曾从茶树叶面分离到有益芽孢杆菌,在室内条件下证明对茶赤叶斑病菌、茶白星病菌、茶轮斑病菌等均表现有抑菌作用。

③病毒　应用病毒防治茶树害虫已取得明显的效果。目前茶树害虫已发现昆虫病毒有 81 种。其中核型多角体病毒(简称 NPV)45 种;颗粒体病毒(简称 GV)24 种,质型多角体病毒(简称 CPV)9 种,非包涵体细小病毒(简称 PV)3 种。尺

螟蛾科茶树害虫上寄生的昆虫病毒有 11 种,毒蛾科茶树害虫上寄生的昆虫病毒有 16 种,刺蛾科茶树害虫上寄生的昆虫病毒有 26 种,襄蛾科茶树害虫上寄生的昆虫病毒有 5 种,夜蛾科茶树害虫上寄生的昆虫病毒有 10 种,卷叶蛾科茶树害虫上寄生的昆虫病毒有 5 种,灯蛾科、舟蛾科茶树害虫上寄生的昆虫病毒各有 2 种,蚕蛾科、斑蛾科、鹿蛾科、白蚁科茶树害虫上寄生的昆虫病毒各 1 种。其中茶尺蠖 NPV 病毒和茶毛虫 NPV 病毒分别在 1977 年和 1978 年发现后,目前已大面积推广应用,并已有产品生产。采用 $7 \times 10^9 \sim 1 \times 10^{10}$ 多角体 (PIB)/毫升剂量,在田间应用防效在 80% 以上,且可以在田间定殖,残效可维持数年,对自然控制茶园生态系中的茶尺蠖种群密度有重要作用。其他油桐尺蠖 NPV,茶小卷叶蛾 GV,扁刺蛾 NPV 等均已有一定规模的应用。由于昆虫病毒具有对寄主专一性强、不杀伤天敌、生物活性保持时间长、有效剂量低等优点,因此越来越引起人们的重视。尤其在无公害茶叶生产中病毒制剂的应用受到欢迎。目前病毒制剂的生产仍然是以活体法生产,即通过收集感染病毒的虫尸,研碎,用纱布过滤,滤液加水稀释成病毒液,使用时加水稀释。一般每 667平方米用 30~50 头虫尸的病毒液。由于昆虫病毒对日光中的紫外线较敏感,高温会影响病毒增殖,因此在夏季使用效果不理想。目前生产的制剂中虽已加入保护剂以减弱紫外线辐射的影响,但最好在春、秋季应用,夏季尽量避免使用。此外,昆虫病毒一般作用较为迟缓,因此应比一般化学农药的使用日期提前几天进行,以更好地发挥毒效。昆虫病毒制剂和低浓度的化学农药混用表现有增效作用,因此,在允许使用化学农药的茶园中,可考虑在昆虫病毒制剂中加入低浓度的化学农药进行增效,但在有机茶园和生产绿色食品茶 AA 级的茶园中则不宜加入化学农药。表 3-29 为几种茶树主要害虫的昆虫病毒生产单位及其田间应用剂量。

**表 3-29　几种主要茶树害虫昆虫病毒的生产单位和应用剂量**

| 昆虫病毒 | 生产单位 | 防治对象 | 田间应用剂量<br>(PIB/毫升) |
|---|---|---|---|
| 茶尺蠖 NPV 病毒 | 中国农科院茶叶研究所<br>中国科学院武汉病毒所 | 茶尺蠖 | $7\times10^9\sim1\times10^{10}$ |
| 茶毛虫 NPV 病毒 | 福建农科院茶叶研究所<br>四川大学生物系 | 茶毛虫 | $3\sim6\times10^7$ |
| 茶小卷叶蛾 GV 病毒 | 湖北省农科院<br>安徽省农科院 | 茶小卷叶蛾 | 每 667 米²12.5～25 毫克<br>病毒,加水 62.5 升 |
| 油桐尺蠖 NPV 病毒 | 中国科学院武汉病毒所 | 油桐尺蠖 | $1\times10^{10}\sim10^{11}$ |

### 5. 合理安全进行化学防治,实现无公害生产

在可持续植物保护的思想体系下,化学农药的概念已发生深刻的变化,对化学农药的要求并不注重"杀灭",而更注重于调节。可持续发展农业中的植物保护并不完全排除使用化学农药,但应尽量减少化学农药的使用。在无公害茶叶生产中,应根据不同的无公害茶叶类别来确定化学防治的使用范围和程度。但不论是哪种类型的茶叶生产,在化学防治上都要遵循如下几个原则:一是合理、因地制宜地选用农药;二是遵循经济学原则,根据防治指标来指导防治,以减少使用化学农药的次数和降低防治成本;三是强调生态学原则,也就是在进行化学防治时不要只考虑到目标病、虫、草的防效,还要考虑到对生态环境的影响以及对有益生物种群的杀伤效果,要力求达到以不破坏或少破坏生态系的平衡为原则。

对于生产绿色食品(茶)A 级、无公害茶和农药低残留茶

的茶园,在进行病、虫、草有害生物防治时,应通过农业防治、生物防治和物理机械防治来降低化学农药的用量,在不得已时才少量使用,但这些化学农药必须根据国家规定和出口需要经过严格选择,并按照安全使用标准贯彻实施。对于生产有机茶和绿色食品(茶)AA级的茶园中病、虫、草有害生物的防治时,应严格禁止使用人工合成化学农药,主要通过茶园生态系中生物种群间的平衡以及农业防治和生物防治措施来控制,必要时使用少量生物农药或植物性农药进行辅助治疗。

(1)有机茶园和绿色食品(茶)AA级茶园中病、虫、草害的化学防治　有机农业是一种不使用任何人工合成的化学物质的农业生产体系。有机茶的生产过程中也严格禁止使用任何人工合成的杀虫剂、杀菌剂、除草剂、生长调节剂和助剂,但允许有限制地使用一些植物源农药、微生物源农药、矿物源农药和动物源农药。表3-30是有机茶允许使用的农药种类。现分别介绍如下。

①植物源农药　植物和昆虫在经过长期的共同进化过程中,形成了多种能有效地抵御植食性昆虫的机制,其中包括在体内形成次生性物质。世界上有25万～50万种植物,因此开发植物源农药引起了广泛的重视。早在我国北魏时期(公元530年前后)就已有利用藜芦根杀虫的记载。目前在我国应用和开发最多的植物源农药有除虫菊、鱼藤、苦楝、印楝、苦参、百部、烟碱等几种。

除虫菊素是早在19世纪40年代从白花除虫菊中分离到的有效杀虫成分。它的主要缺点是对光不稳定,在田间使用时很容易失效。所以在茶叶生产中很少应用。

表 3-30　有机茶园中允许使用的农药

| 农药类别 | 农药名称 | 应用范围 |
|---|---|---|
| 植物源农药 | 除虫菊素 | 在弱光条件下用以防治茶蚜 |
| | 鱼藤酮 | 防治茶树上鳞翅目食叶害虫(茶尺蠖、茶毛虫、刺蛾类、蓑蛾等)的幼虫、茶蚜等 |
| | 楝素、印楝素 | 防治茶树上鳞翅目食叶害虫(茶尺蠖、茶毛虫、刺蛾类、蓑蛾等)的幼虫、茶蚜等 |
| | 烟碱 | 防治茶蚜、粉虱类害虫 |
| | 苦参碱 | 防治茶树上鳞翅目食叶害虫(茶尺蠖、茶毛虫、刺蛾类)的幼虫、茶蚜等 |
| 微生物源农药 | 多氧霉素 | 防治茶饼病 |
| | 井冈霉素 | 防治茶苗白绢病、茶树根腐病 |
| | Bt 制剂 | 防治茶树上各种鳞翅目食叶害虫(如茶尺蠖、茶毛虫、刺蛾类、蓑蛾类)的幼虫 |
| | 白僵菌 | 同 Bt 制剂,茶丽纹象甲 |
| | 绿僵菌 | 同 Bt 制剂 |
| | 茶尺蠖 NPV 病毒制剂 | 防治茶尺蠖 |
| | 茶毛虫 NPV 病毒制剂 | 防治茶毛虫 |
| | 黑刺粉虱韦伯虫座孢菌、玫烟色拟青霉制剂 | 防治黑刺粉虱 |
| 矿物源农药 | 硫酸铜液 | 防治各种茶树叶病和茎病 |
| | 波尔多液 | 防治各种茶树叶病和茎病 |
| | 石硫合剂 | 在秋季封园时防治茶树上各种蚧类、粉虱类、螨类和多种茶树病害 |
| 动物源农药 | 性信息素 | 用于害虫的诱捕和迷向防治 |

　　鱼藤植物早在 19 世纪中叶就被用来杀虫。鱼藤酮是从鱼

藤根中提取出来的有效物质。早在 20 世纪 50 年代在我国茶叶生产中就已广为应用,可以防治多种鳞翅目食叶害虫(茶尺蠖、油桐尺蠖、茶毛虫、蓑蛾类、卷叶蛾类、刺蛾类)的幼虫和茶蚜等茶树害虫。鱼藤酮对土壤中的有害线虫(如茶根结线虫、根腐线虫)也有很好的杀伤作用。目前有 2.5% 乳油(广东丰顺县农药厂鱼藤精分厂、广东省广州农药厂生产)和 7.5% 乳油(广西南宁施绿工程有限公司生产)。

印楝树起源于缅甸,我国广东、海南、云南、广西等省、自治区也有生产。印楝素是印楝树种子的提取物。它对多种植食性昆虫有忌避作用,并可干扰昆虫蜕皮。我国华南农业大学对此开展研究并有商品生产,可用以防治多种鳞翅目食叶害虫的幼虫。还有楝树(如苦楝和川楝)的提取物也具有杀虫活性,但活性不如印楝。由于成本等原因商品量尚不大,但有发展前景。目前剂型有 0.5% 楝素乳油(山东青岛绿鹤农药有限公司和西北农林科技大学无公害农药厂生产)。

烟碱是烟草的主要成分,是一种非内吸性杀虫剂,有一定的触杀和胃毒作用。在气温较高时具有熏蒸作用,因此效果好。可以用于防治蚜虫、粉虱类害虫。我国现生产的剂型有 10% 烟碱乳油(河南郑州生化实业有限公司、江苏好收成集团有限公司、江苏通州神龙农药有限公司生产)、0.6% 烟参碱乳油(烟碱和苦参混剂,河南滑县五星实业公司农药厂生产)、1.2% 烟参碱乳油(内蒙古赤峰农药厂生产)和 1.1% 烟百素乳油(烟碱、百部、楝素合剂,海南侨华农药厂生产)。

苦参碱是近年来从苦参中开发的一种植物源农药,具有触杀和胃毒作用。对茶树上的多种鳞翅目害虫(如茶毛虫、茶尺蠖)具有较好的效果,但对小绿叶蝉效果不理想。我国已有多种产品,包括 0.2% 苦参碱水剂(山东青岛中垦化工有限公司、山东潍坊农发中草药杀菌剂有限公司、山东兖州中草药农药厂生产)、0.3%水剂(北京绿土地生化制剂有限公司、河北承德市三发植物农药厂生产)、0.6%苦参碱、内酯水剂(内蒙古巴盟磴口植物药厂生产)等。

②微生物源农药 微生物源农药是指由真菌、细菌、病毒等微生物形成的代谢物制成的农药。在茶叶生产上应用的包括多氧霉素(多抗霉素)、井冈霉素、阿维菌素等几种。

多氧霉素又名多抗霉素,是土壤中放线菌可可链霉菌阿索变种(*Streptomyces cacaoi* var. *asoensis*)产生的抗菌素。是一种具有保护作用的内吸性杀真菌剂,对茶饼病有良好防效。我国已有生产,商品有1%多氧霉素水剂(浙江科奥实业公司生产)、1.5%~3%多氧霉素可湿性粉剂(吉林省延边农药厂生产)等。

井冈霉素是1973年由我国在江西省井冈山地区和浙江省杭州植物园两地土壤中分离获得的吸水链霉菌井冈变种(*Streptomyces hygroscopicus* var. *jinggangensis*)菌的代谢产物,是一种水溶性抗菌素。可用以防治茶苗白绢病和茶树根腐病。我国许多省都生产,产品有1%~17%水溶性粉剂。

阿维菌素(又名齐墩螨素)。是用土壤中阿维链霉(*Streptomyces avermitilis*)菌形成的代谢物人为仿制加工而成。是一种通过皮肤接触和胃肠道起作用的杀虫、杀螨剂。对茶树上多种害螨有良好效果。该药虽系微生物源农药,但国际有机作物改良协会(OCIA)规定禁止在有机农业中使用。我国农药审定委员会由于此药的高毒性(大鼠口服致死中量10毫克/千克),也尚未登记在茶树上使用。

除了上述微生物源农药产品外,苏云金杆菌(Bt制剂)、茶尺蠖NPV病毒制剂、茶毛虫NPV病毒制剂、黑刺粉虱韦伯虫座孢菌制剂在前面生物防治一节中已有介绍,实际上也是微生物源农药的范畴。

③矿物源农药 矿物源农药在茶叶生产中应用的有硫酸铜、波尔多液、石硫合剂等几种。它们可在有机茶园中有限制地使用。

④动物源农药 包括各种害虫的性信息素,如茶小卷叶蛾的性信息素可用于小卷叶蛾种群密度和发生期的预测,以及进行田间条件下的迷向防治,使雄蛾迷向无法寻觅雌蛾交配而使次代的种群数量下降。但各种性信息素的专化性强,仅对本种昆虫有活性。目前,除小卷叶蛾性信息素在日本有商品出售外,其余害虫的性信息素虽有研究,但尚未形成产品。

(2)其他无公害茶园中的化学防治 除了有机茶园和绿色食品 AA 级茶园外,其他的无公害茶园中病、虫、草害的防治允许使用化学农药,但应本着合理安全使用的原则进行。它包括合理选用农药、安全使用农药、提高农药使用技术和提高农药使用水平等几个方面。

①合理选用农药 总体而言,适用于茶叶生产的化学农药应满足如下条件:对目标病、虫防治效果好,降解速度快或中等,对人、畜急性毒性和慢性毒性低,在鲜叶加工过程中易于挥发降解,泡茶时在茶汤中的浸出率低,对茶叶品质无异味和残臭,对茶树无药害。

如下 5 个指标,可作为选择茶园用化学农药的参考:①农药在茶树鲜叶上的半衰期($t_{1/2}$)。它是指在茶树叶片上降解 50%所需要的时间。数值愈大,该农药愈稳定,愈不容易降解。应选用半衰期数值比较小的农药作为茶园用农药。②农药对大白鼠的急性口服致死中量值($LD_{50}$)。它反映农药对高等动物的口服毒性。数值愈小,该农药的急性毒性愈大。一般来讲,

LD$_{50}$值低于 50 毫克/千克的农药不适宜作茶园用农药。③农药的每天允许摄入量(ADI 值)。每天允许摄入量指动物长期每天摄入这个剂量对该动物是安全的。这个数值愈小,该农药的慢性毒性愈大,对人愈不安全。一般来讲,每天允许摄入值低于 0.005 毫克/千克的农药不适于茶园中应用。④农药的蒸气压。农药的蒸气压和鲜叶加工时农药的挥发,以及在田间条件下农药的挥发均有密切关系。蒸气压愈高的农药,在田间条件下挥发率愈高、降解愈快,在鲜叶加工时损失率也愈高。⑤农药在水中的溶解度。在水中的溶解度愈低,进入茶汤中的可能性也愈小,对饮用者也愈安全。

上述 5 项指标要进行综合考虑,并且可以根据上述原则来确定农药的适用性。

关于茶园禁用化学农药和适用化学农药的具体内容,可参阅金盾出版社 2002 年 1 月出版的《无公害茶园农药安全使用技术》一书。

②安全使用农药 我国从 20 世纪 60 年代起对各种农药在茶园中的安全使用有严格规定,包括每种农药的使用剂量、最多使用次数、施药后的安全间隔期。迄今已颁布有 18 项国家标准。我国颁布的茶园中适用农药的安全使用标准,见表 3-31。

浙江省地方标准中的无公害茶叶系列标准中对无公害茶叶使用的农药制订了比表 3-31 中的安全使用标准较为严格的标准,主要表现为安全间隔期略为延长(表 3-32)。

表3-31 无公害茶园可使用的农药品种及其安全使用标准

| 农药品种 | 使用剂量[克(毫升)/667米²] | 稀释倍数 | 安全间隔期(天) | 施药方法、每季最多使用次数 |
|---|---|---|---|---|
| 80%敌敌畏乳油 | 75~100 | 800~1000 | 6 | 喷雾1次 |
| 35%赛丹乳油 | 75 | 1000 | 7 | 喷雾1次 |
| 40%乐果乳油 | 50~75 | 1000~1500 | 10 | 喷雾1次 |
| 50%辛硫磷乳油 | 50~75 | 1000~1500 | 3~5 | 喷雾1次 |
| 2.5%三氟氯氰菊酯乳油 | 12.5~20 | 4000~6000 | 5 | 喷雾1次 |
| 2.5%联苯菊酯乳油 | 12.5~25 | 3000~6000 | 6 | 喷雾1次 |
| 10%氯氰菊酯乳油 | 12.5~20 | 4000~6000 | 7 | 喷雾1次 |
| 2.5%溴氰菊酯乳油 | 12.5~20 | 4000~6000 | 5 | 喷雾1次 |
| 10%吡虫啉可湿性粉剂 | 20~30 | 3000~4000 | 7~10 | 喷雾1次 |
| 98%巴丹可溶性粉剂 | 50~75 | 1000~2000 | 7 | 喷雾1次 |
| 15%速螨酮乳油 | 20~25 | 3000~4000 | 7 | 喷雾1次 |
| 20%四螨嗪悬浮剂 | 50~75 | 1000 | 10* | 喷雾1次 |
| 0.36%苦参碱乳油 | 75 | 1000 | 7* | 喷雾 |
| 2.5%鱼藤酮乳油 | 150~250 | 300~500 | 7 | 喷雾 |
| 20%除虫脲悬浮剂 | 20 | 2000 | 7~10 | 喷雾1次 |

**续表 3-31**

| 农 药 品 种 | 使用剂量<br>[克（毫升）/667 米²] | 稀释倍数 | 安全间隔期<br>（天） | 施药方法、每季<br>最多使用次数 |
|---|---|---|---|---|
| 99.1%敌死虫 | 200 | 200 | 7* | 喷雾 1 次 |
| Bt制剂(1600 国际单位) | 75 | 1000 | 3* | 喷雾 1 次 |
| 茶尺蠖病毒制剂<br>(0.2 亿 PIB/毫升) | 50 | 1000 | 3* | 喷雾 1 次 |
| 茶毛虫病毒制剂<br>(0.2 亿 PIB/毫升) | 50 | 1000 | 3* | 喷雾 1 次 |
| 白僵菌制剂(100 亿个孢子/克) | 100 | 500 | 3* | 喷雾 1 次 |
| 粉虱真菌制剂(10 亿个孢子/克) | 100 | 200 | 3* | 喷雾 1 次 |
| 20%克芜踪水剂 | 200 | 200 | 10* | 定向喷雾 |
| 41%草甘膦水剂 | 150~200 | 150 | 15* | 定向喷雾 |
| 45%晶体石硫合剂 | 300~500 | 150~200 | 采摘期不宜使用 | 喷雾 |
| 石灰半量式波尔多液(0.6%) | 75000 | — | 采摘期不宜使用 | 喷雾 |
| 75%百菌清可湿性粉剂 | 75~100 | 800~1000 | 10 | 喷雾 |
| 70%甲基托布津可湿性粉剂 | 50~75 | 1000~1500 | 10 | 喷雾 |

* 表示暂时执行的标准

表 3-32　浙江省无公害茶叶限制性使用农药的安全标准

| 农药名称、剂型 | 常用农药量<br>稀释倍数 | 最高农药量<br>稀释倍数 | 安全间隔期<br>（天） | 施药方法 |
|---|---|---|---|---|
| 80%敌敌畏乳剂 | 50 毫升<br>1500 倍 | 150 毫升<br>500 倍 | 7 | 1 次喷雾或毒砂 |
| 50%马拉硫磷乳剂 | 80 毫升<br>1000 倍 | 150 毫升<br>500 倍 | 10 | 喷雾 1 次 |
| 40%乐果乳剂 | 100 毫升<br>1000 倍 | 200 毫升<br>500 倍 | 10 | 喷雾 1 次 |
| 1%杀虫素乳剂 | 20 毫升<br>1500 倍 | 50 毫升<br>1000 倍 | 10 | 喷雾 1 次（阴<br>天或傍晚用） |
| 40.8%毒死蜱乳剂* | 50 毫升<br>1500 倍 | 90 毫升<br>800 倍 | 10 | 喷雾 1 次 |
| 25%喹硫磷乳剂 | 50 毫升<br>1500 倍 | 90 毫升<br>800 倍 | 14 | 喷雾 1 次 |
| 35%硫丹（赛丹）乳剂 | 60 毫升<br>1200 倍 | 100 毫升<br>800 倍 | 7 | 喷雾 1 次 |
| 2.5%三氟氯氰菊酯（功<br>夫）乳剂 | 20 毫升<br>4000 倍 | 40 毫升<br>2000 倍 | 7 | 喷雾 1 次 |
| 2.5%溴氰菊酯（敌杀<br>死）乳剂 | 20 毫升<br>4000 倍 | 30 毫升<br>2500 倍 | 5 | 喷雾 1 次 |
| 2.5%联苯菊酯（天王<br>星）乳剂 | 15 毫升<br>5000 倍 | 25 毫升<br>3000 倍 | 7 | 喷雾 1 次 |
| 10%氯氰菊酯乳剂 | 15 毫升<br>6000 倍 | 25 毫升<br>4000 | 7 | 喷雾 1 次 |
| 25%扑虱灵（优乐得）可<br>湿性粉剂** | 25 克<br>3000 倍 | 40 克<br>1500 倍 | 14 | 喷雾 1 次 |
| 10%吡虫啉可湿性粉剂 | 15 克<br>5000 倍 | 30 克<br>2500 倍 | 7 | 喷雾 1 次 |

| 农药名称、剂型 | 常用农药量稀释倍数 | 最高农药量稀释倍数 | 安全间隔期（天） | 施药方法 |
|---|---|---|---|---|
| 98％巴丹可溶性粉剂 | 30 克 2500 倍 | 60 克 800 倍 | 7 | 喷雾 1 次 |
| 15％速螨酮乳剂＊＊ | 30 毫升 2500 倍 | 40 毫升 1800 倍 | 14 | 喷雾 1 次 |
| 73％克螨特乳剂 | 3000 倍 | 1500 倍 | 15 | 喷雾 1 次(不能低容量喷洒) |
| 0.36％苦参碱乳剂 | 50 毫升 1500 倍 | 75 毫升 1000 倍 | 7 | 喷雾 |
| 2.5％鱼藤酮乳剂 | 150 毫升 500 倍 | 250 毫升 300 倍 | 10 | 喷雾 |
| 除虫脲乳剂＊＊ | 75 毫升 1000 倍 | 150 毫升 500 倍 | 7 | 喷雾 1 次 |
| Bt 制剂 | 1000 倍 | 600 倍 | | 低龄幼虫期喷 |
| 茶尺蠖病毒 | $5 \times 10^8$ 个多角体病毒 | $5 \times 10^9$ 个多角体病毒 | | 喷雾 1 次 |
| 白僵菌 | 500 倍 | | | 喷雾 1 次 |
| 20％克芜踪水剂 | 200 毫升 | 300 毫升 | | 定向喷雾 |
| 41％草甘膦水剂 | 150 毫升 | 250 毫升 | | 定向喷雾 |
| 晶体石硫合剂 | 0.3～0.4 波美度 | | | 秋末使用 |
| 75％百菌清可湿性粉剂 | 600 倍 | | 14 | 喷雾 |
| 70％甲基托布津可湿性粉剂 | 1000～1500 倍 | | 10 | 喷雾 |
| 1.8％爱多收液剂 | 9000 倍 | 3000 倍 | 7 | 喷雾 2 次 |

注：常用农药量和最高农药量均为每 667 平方米 1 次的用量

　＊　毒死蜱因毒性问题国外已限制使用，因此出口茶园不宜使用

　＊＊　扑虱灵、速螨酮和除虫脲因欧盟规定标准甚严(0.02 毫克/千克)，因此供出口茶的茶园不宜使用

有关茶树主要病、虫害的防治用农药和剂量以及茶园中

常用农药的品种、施药方法及安全间隔期,参见金盾出版社出版的《无公害茶园农药安全使用技术》一书。

③提高农药使用技术　据调查,目前茶园中喷施的农药通常只有 20%～30%的药液中靶到达茶树叶片上,而 70%～80%的药液流失在茶园土壤中,或飘移到非目标物上,因而既浪费了农药,提高了成本,又污染了茶园和周围的生态环境,严重影响了无公害茶叶生产的实施。造成上述现象的主要原因是农药使用技术水平较低。

提高农药使用技术首先是要配制好农药。配制农药时要注意水的质量,应用清洁的江、河、湖、溪水,尽量不用井水,更不能用污水、海水或咸水。因为这些水中含有钙、镁等盐类,会对乳液产生破坏作用。其次是严格掌握加水倍数,不要盲目提高浓度,这样既提高了成本,还会使有害生物易于产生抗药性。第三是注意配制方法。可湿性粉剂可先用少量水,配成母液,再按规定浓度加足水量,这样可提高药剂的均匀性。在配制乳油农药时,如果发现有分层或沉淀时,要先将药瓶轻轻振摇,再进行配制。如果振摇后仍有沉淀,可把药瓶放在温水中浸泡 10 分钟(注意不要用开水,以防药瓶破碎),再振摇一下,如果分层和沉淀问题已经解决,就可以对水配制。如仍有分层或沉淀时,最好先进行一下药效试验,证明有效再进行生产应用。配制时,可以先加入少量水,搅拌均匀,再加入定量的水配制成需要的浓度。在配制农药时,如果是液体农药,可用量筒或量杯准确量取。如果是固态农药,要用天平或秤称好配制一桶药液的用量。加入的水量也要经过正确计量,以保证浓度的准确。

在茶园中主要使用药液喷施,很少用喷粉施药。目前喷雾的方法有常量喷雾、低容量喷雾和超低容量喷雾。

常量喷雾是一种大容量喷雾方法,目前喷雾器的每667平方米用药液量在50～75升,雾滴大小在200微米左右。常量喷雾一般分手动喷雾器和机动喷雾机两类。手动喷雾器还可用不同孔径的喷片(0.5,0.7,0.8,0.9,1,1.1,1.3和1.6毫米)。数字愈大代表孔径愈大,雾滴也愈粗。用小孔径喷片喷雾时雾滴较细,喷雾面积小,滚失也相应较小,一般以用0.9毫米喷片为宜。如风速过大或在高温条件下,喷片宜选用稍大的孔径。机动喷雾机在大型茶场中应用较多。由于1台机上有多个喷头,因此工效高。

低容量喷雾是20世纪70年代后期发展起来的喷雾方法,由于喷出的雾滴较细(100微米左右),因此单位面积用药液量也较常量喷雾法少,每667平方米用药液量在7～10升。我国目前生产的机动弥雾机就属于这一类。具有工效高(每天每台可喷施1.67～2公顷)、药效高、成本低的优点。由于单位面积用的药液量减少,因此在计算药量时应参照每667平方米农药用量,适当提高稀释倍数,以保证单位面积上有一定量的农药有效成分沉积分布在茶树叶片上。如常量喷雾时每667平方米用10%氯氰菊酯乳剂稀释6000倍,每667平方米用药液量为60升,则每667平方米氯氰菊酯乳剂用药液量由60升降至10升以后,如果仍用6000倍稀释液,那么每667平方米只用了10%氯氰菊酯乳油1.6毫升,便不能达到其有效剂量。因此,稀释倍数宜提高到2000倍左右,这样每667平方米10%氯氰菊酯用量约5毫升。可见,用低容量喷雾法喷雾时既可以保持或提高药效和工效,还可以大大降低农药用量、节省防治成本。这种喷雾方法将是当前重点推广的喷雾方法。

超低容量喷雾是使农药以更小的雾滴分布在茶树叶片

上，雾滴直径在50微米左右，每667平方米用药液量仅100～200毫升。它的雾滴更细，因此用药量大大减少。但由于雾滴很细，其所用的剂型不是水剂，而是经过加工的油剂，以避免农药小滴在到达茶树叶面时就已经挥发消失。超低容量喷雾由于雾滴小，穿透性比一般喷雾法强，但叶背面的农药沉积量很少，因此对主要栖息在叶背面的害虫（如蚧类、粉虱等）效果就不太理想。目前茶叶生产中使用超低容量喷雾的还不普遍。

为了提高农药科学使用水平，还应注意以下几点。

一是根据防治对象和农药的性质对症下药。农药种类很多，其理化性质、生物活性各不相同，不是任何一种农药对所有茶树病、虫都会有效，例如乐果对小绿叶蝉和蚜虫有效，但对茶尺蠖基本无效；马拉硫磷对蚧类有很好的效果，但对茶毛虫、茶尺蠖效果不好；甲基托布津是一种广谱性的杀菌剂，对茶云纹叶枯病、茶炭疽病有良好效果，但对茶根结线虫病无效。这是由于不同农药的不同性质决定的。茶树害虫中有咀嚼式口器害虫（如茶尺蠖、茶毛虫等鳞翅目幼虫和茶叶象甲等）、刺吸式口器害虫（如茶蚜、小绿叶蝉等）。对咀嚼式口器的茶树害虫，应选用有胃毒和触杀作用的农药（如拟除虫菊酯类农药、辛硫磷、敌敌畏等），而对刺吸式口器害虫，应选用具有强触杀作用的农药（如乐果、马拉硫磷和溴氰菊酯等）。对螨类应选用杀螨剂，特别是杀卵力强的杀螨剂（如克螨特）进行防治。对有卷叶和虫囊的害虫（如茶小卷叶蛾、蓑蛾类等），除了选用强胃毒作用外，还要具有强熏蒸或内渗作用的农药，如敌敌畏。对蚧类应选用如马拉硫磷等特效农药。对茶树叶部病害的防治，应在发病初期喷施具有保护作用的杀菌剂（如硫酸铜），以阻止病菌孢子的侵入，但也可选用既具保护作用又有内吸和治疗作用的杀菌剂（如甲基托布津、多菌灵等），这样既可以阻止病菌孢子的侵入，又可以发挥内吸治疗效果，抑制病斑的扩展和蔓延。对线虫病应选用杀线虫剂，如棉隆、除线磷等，但杀线虫剂只可用于土施，不可用以喷施叶面。总之，在进行茶树病、虫防治时，一定要根据不同病、虫种类选用适当的农药，才能收到事半功倍的效果。

二是根据病、虫防治指标和茶树生长状况适期施药。茶树害虫的防治应按"防治指标"进行施药。防治指标又称防治阈值，这是根据害虫的发生数量估计可能造成的经济损失而制订的。应用防治指标指导施药，可以减少施药的盲目性，克服"见虫就治"的片面做法，降低农药用量。例如，茶尺蠖防治指标的国家标准为每 667 平方米 4 500 头，小绿叶蝉的浙江省防治指标是：夏茶前百叶虫数 5～6 头，或每 667 平方米虫量 10 000 头，三、四茬茶百叶虫数 12 头，或每 667 平方米虫量 15 000～18 000 头。

另一方面，应在害虫对农药最敏感的发育阶段适期施药。如蚧类和粉虱类的防治应掌握卵孵化盛末期(卵孵化 80% 以上时)施药，这时蚧类体表外还没有形成蜡壳或壳，因而用较低浓度的药液即可收到良好的效果，如对茶细蛾，应在幼虫潜叶、卷边期施药；对茶尺蠖、茶毛虫、刺蛾类鳞翅目食叶幼虫，应在 3 龄前幼虫期防治才能收到良好效果；小绿叶蝉应在高峰前期，若虫占总虫量 80% 以上时施药。对茶树病害，应在病害发生前或发病初期开始喷施，使用保护性杀菌剂应在病菌侵入茶树叶片前施药。

茶园中农药的喷施还要考虑到茶叶的采摘期。如果茶园即将采摘，就必须选择安全间隔期比较短的农药，如辛硫磷、敌敌畏等。在非采摘茶园防治病虫时的用药，在有同样防效的情况下可适当选择持效期较长的农药，以保持较长的防效。采摘茶园中不宜使用某些对茶叶品质影响较大的农药,如波尔多液等,应严格控制在封园后停采期或非采摘茶园中使用。石硫合剂要掌握好使用时间,如果使用时间过早,茶树尚未进入休眠,使用后易发生药害,但使用时间过迟,距茶芽萌发时间太短,易对茶叶品质产生影响,因此也要掌握在初冬季节进行。

为了真正做到适期用药,加强测报工作是非常重要的。根据测报资料掌握适期用药,是茶树病虫防治的关键措施。

三是根据有效剂量适量用药。农药的有效剂量(或有效浓度)是根据田间反复试验制订的,因此应严格按照有效剂量(或有效浓度)施药,不可任意提高或降低。提高农药用量虽然在短期内会有良好的药效,但往往会加速抗药性的产生,使防治效果逐渐下降。

茶园主要病、虫害的防治指标、防治适期及推荐使用药剂,见表 3-33。

表 3-33　茶园主要病虫害的防治指标、防治适期及推荐使用药剂

| 病虫害名称 | 防治指标 | 防治适期 | 推荐使用药剂 |
|---|---|---|---|
| 茶尺蠖 | 成龄投产茶园:幼虫量每平方米 7 头以上 | 喷施茶尺蠖病毒制剂应掌握在 1～2 龄幼虫期,喷施化学农药或植物源农药掌握在 3 龄前幼虫期 | 茶尺蠖病毒制剂、鱼藤酮、苦参碱、联苯菊酯、氯氰菊酯、赛丹、溴氰菊酯 |
| 茶黑毒蛾 | 第一代幼虫量每平方米 4 头以上;第二代幼虫量每平方米 7 头以上 | 3 龄前幼虫期 | Bt 制剂、苦参碱、溴氰菊酯、氯氰菊酯、敌敌畏、联苯菊酯 |

| 病虫害名称 | 防治指标 | 防治适期 | 推荐使用药剂 |
|---|---|---|---|
| 假眼小绿叶蝉 | 第一峰百叶虫量超过 6 头或每平方米虫量超过 15 头；第二峰百叶虫量超过 12 头或每平方米虫量超过 27 头 | 施药适期掌握在入峰后（高峰前期），且若虫占总量的 80%以上 | 白僵菌制剂、鱼藤酮、吡虫啉、赛丹、杀螟丹、联苯菊酯、氯氰菊酯、三氟氯氰菊酯 |
| 茶橙瘿螨 | 每平方厘米叶面积有虫 3～4 头，或指数值 6～8 | 发生高峰期以前，一般为 5 月中旬至 6 月上旬，8 月下旬至 9 月上旬 | 克螨特、四螨嗪 |
| 茶丽纹象甲 | 成龄投产茶园每平方米虫量在 15 头以上 | 成虫出土盛末期 | 白僵菌、杀螟丹、联苯菊酯 |
| 茶毛虫 | 百丛卵块 5 个以上 | 3 龄前幼虫期 | 茶毛虫病毒制剂、Bt 制剂、溴氰菊酯、氯氰菊酯、敌敌畏 |
| 黑刺粉虱 | 小叶种 2～3 头/叶，大叶种 4～7 头/叶 | 卵孵化盛末期 | 辛硫磷、吡虫啉、粉虱真菌 |
| 茶蚜 | 有蚜芽梢率4%～5%，芽下二叶有叶上平均虫口20头 | 发生高峰期，一般为 5 月上中旬和 9 月下旬至 10 月中旬 | 吡虫啉、辛硫磷、溴氰菊酯 |
| 茶小卷叶蛾 | 1～2 代，采摘前，每平方米茶丛幼虫数 8 头以上；3～4 代每平方米幼虫量 15 头以上 | 1,2 龄幼虫期 | 敌敌畏、溴氰菊酯、三氟氯氰菊酯、氯氰菊酯 |

| 病虫害名称 | 防治指标 | 防治适期 | 推荐使用药剂 |
|---|---|---|---|
| 茶细蛾 | 百芽梢有虫 7 头以上 | 潜叶、卷边期(1～3 龄幼虫期) | 苦参碱、敌敌畏、溴氰菊酯、三氟氯氰菊酯、氯氰菊酯 |
| 茶刺蛾 | 每平方米幼虫数幼龄茶园 10 头、成龄茶园 15 头 | 2,3 龄幼虫期 | 参照茶尺蠖 |
| 茶芽枯病 | 叶罹病率 4%～6% | 春茶初期,老叶发病率 4%～6%时 | 石灰半量式波尔多液、苯菌灵、甲基托布津 |
| 茶白星病 | 叶罹病率 6% | 春茶期,气温在 16℃～24℃,相对湿度 80%以上;或叶发病率>6% | 石灰半量式波尔多液、苯菌灵、甲基托布津 |
| 茶饼病 | 芽梢罹病率 35% | 春,秋季发病期,5 天中有 3 天上午日照<3 小时,或降水量>2.5～5 毫米;芽梢发病率>35% | 石灰半量式波尔多液、多抗霉素、百菌清 |
| 茶云纹叶枯病 | 叶罹病率 44%;成老叶罹病率 10%～15% | 6 月份、8～9 月份发生盛期,气温>28℃,相对湿度>80%或叶发病率 10%～15%时施药防治 | 石灰半量式波尔多液、苯菌灵、甲基托布津、多菌灵 |

# 第四章　无公害茶的加工技术

茶叶品质决定于鲜叶品质和加工技术两个方面。本章从无公害茶的生产要求出发,考虑其加工技术,涉及到厂房建设及卫生条件、鲜叶的处理、加工工艺、加工机具的选择以及工作人员素质与健康等方面。

## 一、厂房要求及卫生条件

以往茶叶加工均纳入农副产品加工范畴,要求较低,卫生条件也差,不适应无公害茶的生产要求。茶叶既然是一种供人们饮用的健康饮料,就应从食品加工范畴重新考虑无公害茶的加工条件及其卫生要求。

### (一)厂址的选择

无公害茶的生产茶厂应选择在没有现实和潜在污染源的地方建厂。茶叶加工厂所处的大气环境不能低于 GB3095－1996 中规定的三级标准要求。它必须是远离工业区,避开有三废排放的企业、垃圾场、畜牧业、化粪池、居民区、常规农田等,保证厂址周边生态和环境条件良好。加工厂的周围地区禁用气雾杀虫剂、有机磷、有机氯类或氨基甲酸酯等杀虫剂。根据中华人民共和国环境保护法的要求,除了保证厂区处于无污染的环境外,还要求茶厂本身也不对周围环境构成污染,如茶厂废料茶灰、茶末等,要及时清理,妥善处理。考虑到茶厂原料、成品的进厂出厂,初制厂最好设置于茶园中心或附近,便于鲜叶及时付制,保证毛茶品质。精制厂厂址也应选择在交通、通讯及生活方便的地方。由于加工车间卫生需要,厂区必须是水源充足,水质良好,要求水源水质达到饮用水的要求,无异味、无农药、无污染。地势高燥,地下水位低,阳光充足,并有电源的地方。厂区周围生态环境良好,没有尘土飞扬。

## (二)厂区规划

无公害茶加工厂应做到厂区规划有序。加工区、办公区、生活区由于其功能各不相同,因此应相互独立,严格分区。尤其是加工区、办公区和生活区的隔离更为重要,避免相互干扰。按茶叶加工工艺要求,绘制厂房平面图,确定各种用房位置。厂区力求平坦宽阔,有良好的排水系统,保证下大雨也能迅速排出积水。保持厂区道路畅通,以便各种物资、原料和产品运输流畅;厂内道路应采用无污染的硬质路面,周边空地全部绿化,尽可能多种树木花草,避免尘土飞扬。

## (三)厂房建筑和设计要求

无公害茶加工厂的建筑必须符合《中华人民共和国食品卫生法》、《工业企业设计卫生标准》、《消防法》等的有关规定,并按食品加工的规范和要求进行设计,改变过去农产品加工分散、脏、乱的局面。

生产车间和办公室及生活用房应分区设置。在厂房的内部设计上,鲜叶进厂后加工流转过程尽可能不落地面,减少尘土与铅的污染。

为保障茶叶加工的卫生,确保品质稳定,其加工车间应符合下列规定。

### 1. 分区隔离

为使生产过程不受污染,车间应在隔离条件下进行作业;车间作业区与车间办公室相隔离,原材料与产品的出入合理,炉灶与燃油罐设置于车间以外,单独建造。一般小型茶厂可按示意图设计车间(图 4-1)。

**2. 墙壁与支柱**

墙壁、支柱面应为白色或浅色,离地面至少 1 米以内的部分应使用非吸收性、不透水、易清洗的材料铺设,不得有侵蚀、裂缝、积水,并保持清洁。

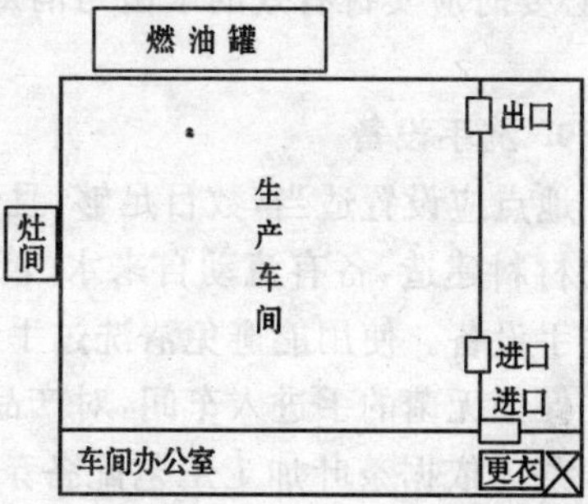

图 4-1　小型茶厂车间设置示意

**3. 天花板或楼板**

应为白色或浅色,易清扫,可防止灰尘蓄积的结构,不得有熏黑或成片剥落等情形发生。茶叶暴露的正上方天花板(或楼板),不得有结露现象,保持清洁和良好的状态。

**4. 光　线**

一般作业场所的光线应保持在 100 勒[克斯]以上,加工车间照度应达 500 勒[克斯]以上。

**5. 通风及排气**

通风及排气良好,通风及排气口应保持清洁,不得有灰尘及油垢堆积,并应有防止病媒侵入的设施。

**6. 出入口、门窗**

应以非吸收性、易清洗、不透水的坚固材料制作,并配有纱门和纱窗。

**7. 排水系统**

应有完整畅通的排水管道,便于车间清洗等作业,排水沟应有防止固体废弃物流入的设施。

**8. 工具、容器**

应保持清洁，合理放置，以防止病媒的栖息及再遭受污染，必要时应实行有效的杀菌与消毒。无关物品不得存放于车间。

**9. 洗手设备**

地点应设置适当，数目足够，且使用易清洗、不透水、不积垢的材料建造，备有流动自来水、清洁剂、烘手器或擦手纸巾等洗手设备。使用能避免清洗过手部后再度遭受污染的水龙头。保证无菌的手进入车间，对产品的卫生极为重要。

茶厂依据茶叶加工工艺配备茶机，茶机确定后计算厂房面积。由于茶厂使用的机械设备种类较多，结构、性能、效率和产量均不相同，因此在茶类和工艺流程确立后，再进行选型配备。茶叶初制机械配备，一般以全年茶叶产量的 3%～5%或春茶高峰期平均日产量作最高日产量，并以机器每天工作 20 小时作为计算各种茶叶机械和辅助设备台数的依据，全部计算完毕，对计算结果进行综合平衡后确定配备方案。精制茶厂一般按全年茶叶产量、生产茶类和生产时间长短，进行茶叶机械配备计算。

加工车间厂房的建造有平房，也有立体型多层布置。多层布置优点是可节约厂房用地，常见的为 2～3 层。初制车间多层布置，一般是将摊青间布置在杀青间或萎凋间的楼上层，楼面开孔，鲜叶以重力下流至杀青工序或萎凋工序。精制车间多层布置，是将毛茶仓库建于精制车间楼上层，楼面开孔放毛茶至精制车间精制。整个制茶工艺路线从上至下安排。

**（四）附属设施**

无公害茶厂应有相应的供水、排水、供电、供气和排烟等设施，以保证正常的茶叶加工生产活动和厂区职工生活的需要。厂内清洗用水水质必须达到 GB5749—95《生活饮用水卫生标准》的要求。厂房内应设立相应更衣、洗涤、照明、通风、防潮、防霉以及堆放垃圾的场所。

### （五）环境与卫生要求

保持室内外环境整洁，采用物理、机械和生物方法消除蚊蝇、老鼠、蟑螂和其他有害昆虫及其孳生条件。

# 二、鲜叶的管理

茶鲜叶俗称青叶或茶青，是无公害茶的加工原料。为保证鲜叶原料不受污染，各类无公害茶（低残留茶、绿色食品茶或有机茶）的生产都制订有一套严格的全面质量管理体系。各类无公害茶的鲜叶都必须采自认证机关颁证的基地茶园，单独采收、单独存放和单独付制，决不允许与一般茶园的鲜叶相混合。鲜叶的管理是保证鲜叶质量的重要措施，是指鲜叶从采摘后到付制前的过程。鲜叶管理的内容包括鲜叶的质量、分级、运送及处理等，对成茶质量起着至关重要的作用。

### （一）鲜叶质量

主要指嫩度、匀度、净度和新鲜度等 4 个方面。

**1. 嫩　度**

嫩度是衡量鲜叶质量的重要因素，也是制订级别的重要指标。鲜叶嫩度好，有效成分如茶多酚、咖啡碱、氨基酸、水溶性果胶等含量高，纤维素、淀粉等含量低。因此，根据不同茶类对鲜叶嫩度的要求掌握好采摘标准，是提高茶叶质量的重要环节。不同茶类对鲜叶的要求差异很大，如特级龙井要求鲜叶嫩度以 1 芽 1 叶初展为好，而乌龙茶则要求在生长成熟（形成驻芽)的新梢上采 1 芽 2~3 叶。衡量鲜叶嫩度的方法主要以正常芽叶(1 芽 1~5 叶)与对夹叶的含量百分率为标准,正常芽叶多,为嫩度好,反之则嫩度差。

**2. 匀　度**

匀度是指同一批采下的鲜叶理化特性的均匀一致程度。它受茶树品种与长势、采摘标准及采摘方法等因素的制约。通常,同一品种、长势相同、用同一采摘方法和标准采摘的鲜叶匀度好。

**3. 净　度**

净度是指鲜叶中夹杂物的含量。包括茶类和非茶类两种。茶类部分主要是指茶籽、茶果、老枝、老叶及病虫叶等;非茶类部分是指杂草、金属物、虫体等。无公害茶在鲜叶净度方面要求很严,凡有非茶类夹杂物的均视为不合格产品。

**4. 新鲜度**

新鲜度是指鲜叶离开茶树母体后,其理化性状的变化程度。

**(二)鲜叶的验收与分级**

进厂鲜叶由验收员进行验收,根据其品种、老嫩度、匀净度、新鲜度等进行定级、称重、登记、归堆、分别摊放。对老嫩混杂或因发热"红变"等嫩度较差的叶子应另行摊放,作降级处理。如有机油、汽油等污染的鲜叶,不能作为无公害茶的制茶原料,碰到茶果、老叶等夹杂物者,就地剔除。

鲜叶分级标准因茶类不同而异,不同茶区也不尽相同。中国农业科学院茶叶研究所根据大量分级资料的统计分析,以 1 芽2~3 叶、驻芽 2 叶、嫩单片的含量多少作定级依据,提出了对一般红、绿茶和红碎茶的鲜叶分级标准,得到同行专家的认可。这种分级方法比较科学而实际,具有较高的实用价值(表 4-1,表 4-2)。

### 表 4-1　制条红、绿茶鲜叶分级标准　（芽叶组成%）

| 级别 | 1芽1~3叶 | 驻芽2叶<br>嫩叶单片 | 感官标准 |
|---|---|---|---|
| 1 | ≥60 | ≤30 | 叶质柔软,叶面呈半展开状,匀齐,色绿,新鲜,净度好 |
| 2 | ≥50 | ≤40 | 叶质尚柔软,叶面呈半展开状,匀齐,色绿,新鲜,净度好 |
| 3 | ≥35 | ≤50 | 叶质尚柔软,叶面呈展开状,尚匀,色绿稍深,新鲜,净度尚好 |
| 4 | ≥25 | ≤60 | 叶质稍硬,驻芽叶稍多,尚匀,色深绿,新鲜,净度稍好,稍含老叶 |
| 5 | ≥15 | ≤70 | 叶质较硬,驻芽多,单片叶多,欠匀齐,色深绿稍暗,新鲜,有老叶 |

### 表 4-2　制碎形红、绿茶鲜叶分级标准　（芽叶组成%）

| 级别 | 1芽1~2叶 | 1芽3叶 | 驻芽2叶及<br>嫩单叶片 | 感官质量标准 |
|---|---|---|---|---|
| 1 | ≥50 | ≤30 | ≤15 | 叶质柔软,叶面呈半开展状,茶易折断,匀齐,色嫩绿,新鲜,净度好 |
| 2 | ≥30 | ≤40 | ≤25 | 叶质尚柔软,叶呈展开状,尚匀,色绿稍深,新鲜,净度尚好 |
| 3 | ≥5 | ≤40 | ≤45 | 叶质较硬,茎不易折断,欠匀,色深绿,新鲜,稍有老叶 |

### (三)鲜叶的运送

从树上采下的鲜叶,其生命活动并没停止,呼吸作用仍然继续着。在呼吸作用过程中,糖类等化合物分解,消耗部分干物质,放出大量热量,如不采取必要的管理措施,轻则使鲜叶失去鲜爽度,重则产生不愉快的水闷味、酒精味,红变变质,失去加工饮用价值。防止鲜叶变质的惟一办法就是及时验收,轻装、快运至厂进行加工。无公害茶鲜叶的验收,首要是检查鲜叶的来源,是否来自认证基地,并同时检查采摘匀净度、新鲜度的标准等。验收合格后及时运至加工地。不合格的鲜叶应另行堆放,另行炒制和处理。运送时应做到不同基地、不同品种、不同嫩度、不同地块的鲜叶分开盛装,做到轻装快运,不挤压,不重叠堆装。盛装的器具必须洁净,以有孔眼通风良好的竹制篓筐为好,切忌用布袋、塑料袋等软包装和不卫生、有异味的器具装运。一般每箩筐以装 25~30 千克鲜叶为宜。鲜叶在装运过程中,切忌紧压、日晒、雨淋,避免鲜叶升温而影响产品质量。

### (四)鲜叶的摊放处理

鲜叶运至加工厂后,应按品种、老嫩度、晴雨叶、上下午叶、阴阳坡叶、青壮龄与老龄叶分开摊放。高档名优茶鲜叶细嫩,不宜直接摊放在水泥地面上,应摊放在软匾、簸篮或篾垫上。摊放厚度要适当,春季气温低,可适当厚些。高级茶摊放厚度一般为 3 厘米左右,中级茶可摊厚 5~10 厘米,老叶适当厚摊,最厚不超过 20 厘米。晴天空气湿度低可适当厚摊,以防止鲜叶失水过多,影响炒制。雨水叶应适当薄摊,以便更好地散发水分。

摊放过程应根据天气情况启闭门窗。阴雨天门窗应敞开,干燥晴天,门窗应少开,以保持鲜叶的新鲜度。摊放室空气的相对湿度控制在 90%左右,室温 15℃左右,叶温控制在 30℃以内,绝对不超过 40℃。应摊在朝北凉处,避免阳光直射。许多名优茶的加工都把摊放作为必要的工序。如龙井茶鲜叶经过摊放后炒制,品质优于现炒现制。通过摊放使鲜叶发生轻微的理化特性变化,茶多酚、儿茶素发生轻微氧化,含量适当下降,减少成茶的苦涩味,提高醇度,蛋白质水解,氨基酸含量增加,散发部分青草气的芳香物质,增加清香感。随着鲜叶的化学变化,鲜叶的含水量也发生变化,减少细胞膨压,降低鲜叶的脆性,增强塑性,便于炒制时做形,摊放过程中这些理化特性变化有利于名优茶形状与品质的形成。同时,通过摊放可以提高工效,降低成本,节约能源 30% 左右。摊放时间不宜过长,一般 6～12 小时为宜,最长不超过 24 小时。尤其是当室温超过 25℃时,更不宜长时间摊放,尽量做到当天鲜叶,当天炒制完毕。

在自然条件下摊青占地面积较大,一般每平方米摊叶 20 千克左右,且费工费力,因此,有条件的茶厂可建贮青设备。采用贮青槽是保证鲜叶新鲜度的理想方法。目前,采用最多的贮青槽是透气板结构,即在贮青室内开长方形槽沟,槽面铺金属丝网制成透气板。板长 1.83 米,宽 0.9 米。透气板可放 3 块、6 块或 12 块,根据贮青室长度而定。槽间距离 1 米左右。槽的一头装一离心式鼓风机,要求叶层的空气流速为 0.1～0.5 米/秒。采用透气板贮青,每平方米可贮青 150 千克左右,摊叶厚度为 60～100 厘米,摊青时间不超过 5 小时为宜。

# 三、加工工艺要求

茶叶加工工艺依据茶类而不同,无公害茶与常规茶的最主要区别在于,其加工过程禁止使用任何人工合成的食物添加剂、维生素和其他添加物,但允许自然发酵,可以使用天然茉莉花、玫瑰花等窨(音 xūn)制红、绿花茶。如在同一茶厂既加工常规茶,又加工无公害茶时,则要求在安排上错开时间,分别付制,不允许不同鲜叶原料混合制茶。不同茶类,依据其品质特点,采用不同工艺。无论是绿茶、红茶、乌龙茶、黄茶和白茶,都要求工艺合理,确保产品质量。

## (一) 绿　茶

绿茶属不发酵茶类。有炒青、烘青、晒青和蒸青等4种。无论何种绿茶,其基本工序为:杀青(或蒸青)→揉捻→干燥(晒干或烘干)。在4种绿茶中,以炒青为最多。烘青、晒青及蒸青数量较少,因此不作详细介绍。炒青绿茶其加工工序为:杀青→揉捻→干燥[二青、三青及煇(xūn)干]。

### 1. 杀　青

杀青是炒青绿茶加工第一道工序,制好绿茶,达到汤清叶绿的关键。杀青的技术因素包括锅温、投叶量、时间和方法等。这些因素相互制约、相互促进,都对杀青质量起重要作用。

(1) 锅温　一般要求杀青锅温在260℃～320℃之间,才能达到钝化酶活性的目的。锅温过高,杀青叶失水过快,易产生焦叶焦边,使成品有烟焦味。锅温过低,易产生红梗红叶,影响品质。

(2) 投叶量　因杀青设备、杀青老嫩、锅温不同而异。在同一锅温条件下,采用机械传动的锅式杀青,其投叶量经验公式为:

$$投叶量 = (150 - 5k) \cdot R^3 \text{ 千克/锅}$$

式中,k 为鲜叶老嫩级别,R 为杀青锅半径,150 为校正常数,5 为鲜叶级别修正值。

举例说明:若以84型杀青机杀青,鲜叶嫩度为2级,杀青锅的半径为 0.42 米,则每锅投叶量 $= (150 - 5k) \cdot R^3 = (150 - 5 \times 2) \times 0.42^3 = 10.4$ 千克。

(3) 杀青时间　一般锅式杀青时间在5～10分钟之间,少的5～6分钟,长的8～10分钟。时间长短与锅温和投叶量有关。杀青时间过长,杀青叶失水过多,不利做形;杀青时间过短,鲜叶的茶多酚、蛋白质等成分水解转化不充分,成品青涩味重。一般宜掌握"嫩叶老杀,老叶嫩杀"的原则。

(4)方法　锅式杀青应掌握"抖闷结合,多抖少闷"的原则。抖杀就是将叶子扬高,以有利于水分散失,青草气挥发,使清香透发,防止叶色黄变。闷杀是加盖不扬叶,使热蒸气在叶内作短时间的停留,迅速提高叶温,彻底破坏酶的活性,促进有关物质的水解和转化,使芽叶杀匀杀透,避免产生红梗红叶。实验证明,茶叶中酶的活性,当温度达到40℃～45℃时最强烈,如温度继续升高,酶的活性开始钝化,当叶温升到70℃,酶的活性便遭破坏。因此,在杀青前期若能使叶温迅速升高到70℃以上,便能有效制止红梗红叶。但如闷得时间过长,芽叶易黄熟并伴有水闷气,同样不符合茶叶品质要求。

鲜叶在锅内转动,待由鲜绿转为翠绿,叶面失光泽,手握成团,稍有弹性,叶质较柔软,折梗不断,闻其香带有清香感,则要起锅,进行摊晾,转入揉捻。

目前,生产上除锅式杀青外,推广较多的是滚筒式杀青机。滚筒杀青机具有操作方便、劳动强度小、工效较高、节省燃料、连续作业等优点,但由于在筒内滞留时间过短,易生青涩味,同时由于在筒内水蒸气散发不畅,极易在筒内和筒口粘结叶子而造成烟焦味。

## 2．揉　捻

揉捻是炒青绿茶成条的重要工序。揉捻是利用机械力使杀青叶在揉桶内受到推、压、扭和摩擦等多种力的相互作用形成紧结的条索。揉捻还使叶片细胞组织破碎,促使部分多酚类物质氧化,减少炒青绿茶的苦涩味,增加浓醇味。除少数手工揉捻外都用机器揉捻。

机制绿茶的揉捻机种类很多,型号不一,性能各异。生产实践中制炒青绿茶不宜使用大桶揉捻机。大型机投叶量多,时间长,揉捻过程中叶温高,易产生黄熟现象。一般都选用桶径45厘米和55厘米的揉捻机,生产量大时也可采用65厘米揉捻机。应根据制茶种类和叶质嫩度确定投叶量与加压大小和揉捻时间。掌握"嫩叶轻揉,老叶重揉"、"轻—重—轻"和"抖揉结合"的原则进行操作。绿茶多为一次性揉捻,嫩叶一般要揉20~25分钟。老叶采用重压长揉,解块分筛,分次揉捻,但总时间一般不超过50分钟。高档茶成条率在85%以上,细胞破碎率在45%以上;低档绿茶成条率在60%以上,细胞破碎率达65%左右,即是揉捻完成的标志。

### 3. 干 燥

干燥是炒青绿茶加工的最后工序。内容包括二青、三青和辉干3个过程。目的是继续做形,发展香气,固定品质,达到足干。由于各茶区采用干燥的机型规格不一,其工艺技术也不尽相同。归纳起来干燥工艺有以下几种。

(1)全炒法 茶叶不经滚或烘,全在锅中炒干,称之"一炒到底"。采用该炒干工艺生产的产品条索紧结,香味浓爽,色泽绿润,但外形条索欠完整,缺锋苗,碎末茶较多。

(2)全滚法 茶叶不经锅炒,全在瓶式炒干机或滚筒炒干机中滚干,称之"一滚到底"。采用该工艺生产的产品完整,碎末茶少,但条索欠紧结,稍弯曲,色泽灰暗,香气沉闷。

(3)滚炒法 茶叶在瓶式炒干机中滚炒后,再在锅式炒干机中炒至足干。采用该工艺生产的产品条索欠紧结,碎末茶多,内质尚正常。

(4)炒滚法 茶叶在锅式炒干机中炒至九成干左右,再在瓶式或滚筒式炒干机中滚至足干。使用该工艺生产的产品质量较好,条索紧结且完整,有锋苗,碎末茶少,香味醇爽。

(5)烘(滚)→炒→滚法　这道工序分 4 个过程进行。二青在烘干机或滚筒炒干机中进行,三青在锅式炒干机中进行(分 2 次炒),烘干在滚筒炒干机或瓶式炒干机中进行。该工艺基本上克服了炒青绿茶品质上存在松、扁、碎的弊端。成品紧直、完整,有锋苗,碎末茶少,色泽绿润,具有中国绿茶传统的品质风格,现已在生产上较为广泛地应用。炒干的全过程工艺技术如下:

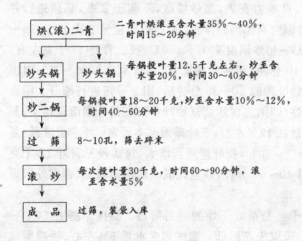

烘(滚)二青　二青叶烘滚至含水量35%～40%,时间15～20分钟

炒头锅　炒头锅　每锅投叶量12.5千克左右,炒至含水量20%,时间30～40分钟

炒二锅　每锅投叶量18～20千克,炒至含水量10%～12%,时间40～60分钟

过　筛　8～10孔,筛去碎末

滚　炒　每次投叶量30千克,时间60～90分钟,滚至含水量5%

成　品　过筛,装袋入库

①二青　揉捻后的茶叶含水量仍有 60% 左右。若用它直接炒干或滚干,易在机内结成团块,使茶叶粘在锅壁,结成锅焦产生烟焦味或水闷味,影响成品质量。因此,必须经过二青才能进入锅炒。

二青是炒青干燥工序中的第一个阶段。目的是蒸发部分水分,减少粘性,提高芽叶可塑性,便于后阶段的做形。其法有二:一是用自动烘干机或手拉百叶烘干机烘二青。风温掌握在 115℃～120℃,烘 10 分钟左右,摊叶厚 1～2 厘米。二是以滚代烘,采用瓶炒机械,滚筒杀青机滚二青。筒温 70℃～80℃,投叶量 15 千克左右,滚时 15 分钟左右。二青叶适度标准为:减重率 30%,含水量 35%～40%;手捏茶叶有弹性,手握不易松散;叶质软,粘性少,叶色绿,无烟焦和水闷气。

②三青　三青初期,茶叶的含水量一般为 40%左右。锅温应高些,投叶量少些,炒时短些。茶叶受热后表面产生粘性,这时如投叶量过多,易形成扁条和团块;投叶量少,茶叶之间挤压力小,自重力丧失,翻炒松散,不利于紧条,必须进行并锅,以保持锅内有相当的体积。所以三青应分 2 次进行。第一次炒称初炒。初炒锅温 70℃～100℃,投二青叶 13 千克左右,历时 30～40 分钟。初炒后减重 30%,含水量 20%～25%时出锅。当初炒叶摊晾 20～30 分钟后,用 5 号筛进行筛分。筛面叶进行复炒(即第二次炒)。复炒叶和筛底茶分别滚至足干。复炒叶含水量在 12%左右,茶叶条形基本固定。要求温度低,复炒锅温 60℃～80℃,投叶量适当增大,每锅投三青叶 18 千克左右,炒时 40～60 分钟,炒至九成干后出锅摊晾,否则外形短碎无锋苗。

③辉干　是茶叶干燥的最后阶段。温度掌握在 50℃～60℃之间,采取先高后低。滚炒到含水量 5%左右、手捏即成粉末时,出锅摊凉包装。

## (二)红　茶

红茶属全发酵茶,红汤红叶是其品质特征。目前,我国生产的红茶有小种红茶、工夫红茶和红碎茶等 3 个类型:

一是小种红茶。它是福建省特有的一种外销红茶品种。生产历史悠久,产品分正山小种(武夷星村小种)和人工小种两种。前者采用湿坯熏烟,香气高而微带松柏香味,汤色深黄,滋味爽而甘醇;后者是用品质较次的原料采用毛茶熏烟加工而成。

二是工夫红茶。它是我国传统生产方式生产的条形红茶。产地较广,有安徽的祁红、云南的滇红、四川的川红、贵州的黔红、江苏的苏红、广东的粤红等。外形色泽乌润,条索直匀而齐,香气馥郁,滋味浓醇,汤色叶底红艳而明亮。

三是红碎茶。它是我国 1964 年后发展起来的一个红茶新品种。目前生产主要集中在一些国营茶场,品质最好的是海南、广东、广西、云南和四川等地的产品。依外形和内质特点可分为叶茶(条形)、碎茶(颗粒形)、片茶(皱折状)、末茶(沙粒状)4 种。品质表现为:叶色红润,汤色红亮,香味浓强鲜爽。

无论是何种红茶,其加工工艺均为:萎凋、揉(切)捻、发酵、干燥等步骤。现以工夫红茶为代表,将其制法作一简要介绍。

## 1. 萎　凋

萎凋是工夫红茶加工首道工序。目的在于鲜叶采下后到揉捻之前采取自然或人工的措施,使叶子散发水分,叶质变软和内在物质发生一系列化学成分的变化。这些变化是形成红茶色、香、味、形所必须的。其方法有日光萎凋、室内自然萎凋、萎凋槽萎凋和萎凋机萎凋等多种。

(1)日光萎凋　由于受天气条件的限制,除个别无萎凋设备的小厂外多数不用此法。

(2)室内自然萎凋　是将鲜叶摊放在四周通风的多层萎凋帘架上,利用自然通风蒸发水分的方法。利用门窗启闭,调节叶子水分蒸发速度。这种方法虽然质量好,但因要求萎凋厂房面积大,费工多,特别是阴雨天萎凋时间长,效率低,目前已很少采用。

(3)萎凋机萎凋　这是一种机械化连续萎凋的方法。我国曾在 20 世纪 50 年代初,从前苏联引进过 3AM-Ⅱ型萎凋机,在祁门茶厂使用,取得一定的效果,但由于投资过大,没有过多的推广。

(4)萎凋槽萎凋 这是目前应用最广的一种方法。这种方法具有萎凋叶品质好,操作方便,结构简单,成本低,同时克服了阴雨天萎凋困难等优点。具体做法是在室内设萎凋槽,萎凋槽由槽体和通风设备两大部分组成(图 4-2,图 4-3),一般用砖块砌成宽 1.5～2 米,长 10～12 米,高 0.8～1 米的槽,槽底有匀温坡及加热鼓风设备,槽面有盛叶的铁质或竹篾织成的盛叶帘(盒),摊叶厚度约 20 厘米,下送热(或凉)风,加速水分蒸发,槽面摊叶量每平方米 16～18 千克。摊叶过厚,上下叶层易萎凋不匀;摊叶过薄,槽面叶层易吹成空洞,使空气通过叶面的流速降低,萎凋效率低。槽内摊叶保持叶间疏松状态(室内自然萎凋每平方米摊叶 0.5～1 千克),在整个萎凋过程中翻抖 1～2 次。萎凋室的温湿度掌握干球与湿球的温度相差不低于 2℃,以利于叶子内水分正常排出。我国红茶区春天大都气温较低,多阴雨天气,因此需加温萎凋,夏秋茶季可不加温通风萎凋。室温控制在 35℃ 以内,最高不超过 38℃。夏秋季气温在 30℃ 以上时,可吹冷风萎凋。雨水叶和露水叶宜先吹去表面水,而后根据气温决定加温温度。萎凋时间一般掌握在 6～12 小时之间为好。

在生产上,红茶萎凋应按嫩叶重萎凋,老叶轻萎凋的原则进行,而萎凋程度的掌握主要根据叶象的变化和检验水分状况来加以判断。

①观察叶象变化 当萎凋叶叶面失去光泽,叶色转为暗绿,叶质柔软,手捏成团,松手不弹散,嫩茎梗折而不断,无干芽、焦边和红叶现象,青气消失,略显清香,即是萎凋适度的标志。

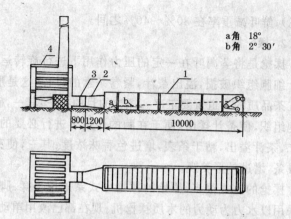

a角 18°
b角 2° 30′

**图 4-2　金属结构链式萎凋槽示意图**　（单位：毫米）

1. 槽体　2. 管道　3. 风机　4. 多管并列炉灶

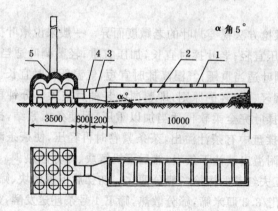

α角 5°

**图 4-3　砖木结构框式萎凋槽示意图**　（单位：毫米）

1. 槽体　2. 木框　3. 管道　4. 风机　5. 锅式炉灶

②检查萎凋叶含水量　萎凋叶含水量掌握在 58%～64% 之间（春茶略低，为 58%～61%；夏秋茶略高，为 61%～

64%）；鲜叶减重率在 30%～40% 之间。

**2. 揉　捻**

揉捻是将萎凋叶在一定的压力作用下进行旋转运动,使茶叶细胞组织破损,溢出茶汁,紧卷条索的过程,这是形成工夫红茶品质的一道重要工序。揉捻的目的有三:其一,破坏叶细胞组织,使茶汁揉出,便于在酶的作用下进行必要的氧化;其二,茶汁溢出,粘于条表,增进色香味浓度;其三,使芽叶紧卷成条,增进外形美观。

揉捻的方式很多,原始的揉捻方式系采用手揉、脚揉,继而采用以水力为动力的木质揉捻机。现在都已改用单动式、双动式铁质平面揉捻机。一般乡镇茶厂都采用 40 型、45 型、55 型中小型揉捻机;大型茶厂则以 65 型、90 型大型揉捻机为主。

揉捻方法视萎凋叶的老嫩度而异。一般来说嫩叶揉时宜短,加压宜轻;老叶揉时宜长,加压宜重;轻萎凋叶适当轻压,重萎凋叶适当重压;气温高揉时宜短,气温低揉时宜长。加压应掌握轻、重、轻的原则,即萎凋叶装桶后空揉 5 分钟再加轻压;待揉叶完全柔软再适当加以重压,促使条索紧结,揉出茶汁;待揉盘中有茶汁溢出,茶条紧卷时再轻压,使茶条略有回松,吸附溢出茶汁于条表,然后下机解块、筛分散热。

工夫红茶的揉捻一般分两次。初揉后下机解块、筛分,用 3～4 孔/3.3 厘米筛,筛分散热,筛下 1 号茶坯送发酵,筛面坯再行复揉,复揉后解块筛分筛底为 2 号茶坯,筛面为 3 号茶坯,分别送发酵。

揉捻适度的标志有二:其一,芽叶紧卷成条,无松散折叠现象;其二,以手紧握茶坯,有茶汁向外溢出,松手后茶坯不松散,茶坯局部发红,有较浓的青草气味。此时,大约有 80% 的细胞受损。其检验方法也比较简单,可用 10%的重铬酸钾溶液浸泡揉捻茶坯 5 分钟,然后用清水漂洗,将叶片贴在透明的九宫格上,视变为红色的部分占总面积的百分数来评估细胞破损程度。

### 3. 发 酵

发酵是形成红茶色、香、味品质特征的关键工序。发酵通常是从揉捻(或揉切)组织破碎时就开始了。虽然红茶通过揉捻后部分叶子已变成红色,但它并不能以揉捻代替发酵。早期红茶的发酵是将揉捻叶置于竹筐中堆积,上盖棕衣或厚布保温,并移置阳光下晒渥(音 wò)。后改为专门的发酵室,采用加热高湿的盘式发酵。20 世纪 70 年代末发展为发酵车通气发酵,后又改为发酵机控温发酵。盘式发酵在乡村茶厂使用普遍,即设一发酵室,内设发酵架,每架设 8～10 层,每层间隔 25 厘米,内置一移动的发酵盘,发酵盘高 12～15 厘米,将揉捻好的茶叶摊厚 8～10 厘米,上盖一层湿布,室内温度保持在 25℃～30℃之间,相对湿度控制在 90%以上。发酵时间春茶 2～3 小时,夏茶约 90 分钟。在大型国营茶厂(场),大多使用发酵车。发酵车一般长 100 厘米,宽 70 厘米,高 50 厘米,呈梯形,上宽下窄,下设有通气管道和通气室,搁板上有小孔通气,茶叶摊放在通气搁板上,一般摊叶厚 40 厘米,每车装叶 60～70 千克;通常 30 车组成一个系列,由总管道鼓送一定温度的空气(20℃～28℃),分别送入排列两边衔接好的发酵车内,进行控温发酵,这对提高发酵质量,保证发酵正常进行创造了良好的条件。

茶叶发酵是一个复杂的具一系列生化反应的过程。发酵的程度对茶叶品质的影响见下面的示意图。

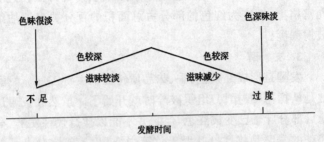

图 4-4　茶叶发酵程度对品质的影响

检查发酵程度一般采用观察发酵叶色的变化和香气变化特征加以判别。白天以看叶色为主,夜间以嗅香气为主。发酵到达适度的指标时,应立即上烘破坏酶的活性,固定茶叶品质。在春天气温低时,发酵要充分一些;夏、秋季气温高时发酵快,可掌握 6~7 成叶子变红时立即终止发酵。

发酵过程中依据叶色和香气确定发酵程度的感官指标,见表 4-3。

表 4-3　依据叶色和香气确定发酵程度的感官指标

| 发酵程度 | 叶色等级 | 感官指标 | 判断 |
|---|---|---|---|
| 不足 | 1 | 叶色青绿,有浓烈青草气 | 红碎茶品质特征未形成 |
| | 2 | 叶色青黄,有青草气 | 红碎茶品质特征未形成 |
| 偏轻 | 3 | 叶色黄,有清香 | 香味较鲜爽,浓度不足 |
| 适度 | 4 | 叶色黄红,有花香或果香 | 滋味浓强鲜,汤色、叶底红亮 |
| 偏重 | 5 | 叶色红,有熟香 | 浓度与鲜度差,色浓而欠亮,叶底红暗 |
| 过度 | 6 | 叶色暗红低香 | 香味甜醇差,汤色叶底暗 |

在整个发酵时间内需随时检查叶色和香气的变化，达到适度时立即进行烘干。对于在生产中发现已发酵过度的批次，要单独烘干单独归堆。一旦发现发酵过度的叶子，首先要将发酵过度的叶子摊开散热防止继续发酵，而后在烘干机上高温烘干（毛火温 120℃，摊叶厚 1.5 厘米，大风量；足火温 80℃～100℃，摊叶厚 3～4 厘米）。冷却后装袋保存，精制时另行处理。

### 4. 干 燥

红茶干燥是半成品变为成品的一系列操作中最关键的阶段。其作用是利用高温破坏酶的活性，制止酶性氧化，除去多余的水分，利用热化学作用发展香气，形成各类红茶各具特色的香气。

目前，工夫红茶的干燥一般在烘干机中进行。研究表明，红茶干燥过程中温度与香味风格密切相关。一般高温产生老火香味，中温产生熟果香味，低温产生花香味。叶子水分多、温度高、失水速率慢会产生水闷味；叶子水分少、温度高、失水速度快易产生老火味或焦味。此外，单位面积烘干机摊叶板的投叶量与品质也有一定关系。投叶量过多易产生干燥程度的不均匀性，过少干燥效率低，失水快，降低干燥中的热化学作用，火功不足。因此，在茶叶干燥过程中要做到温度先高后低，失水速率先快后慢。根据不同干燥条件，烘干设备的性能和茶叶品质对干燥的要求，工夫红茶必须进行二次干燥。第一次干燥称为"毛火"，要求温度较高，一般进烘温度 100℃～120℃，摊叶厚度 1.5～2 厘米，干燥时间 12～16 分钟，毛火叶含水量为18%～25%，下机后摊晾 30 分钟左右，使茶条内部水分分布均匀，形成茶条外干内湿。第二次干燥称"足火"，温度较低，一般进烘温度为 80℃～100℃，摊叶厚度 3～4 厘米，干燥时间

15～20分钟,足火茶含水量为 5%～6%,立即摊晾到接近室温时装箱贮藏。如果采用带输送带的加热干燥机或沸腾式干燥机,由于设备先进,干燥效率高,也可采用一次性干燥。

### (三)乌龙茶

乌龙茶属于半发酵茶类。"绿叶红镶边"是乌龙茶叶最显著的特征。乌龙茶初制工艺是:萎凋、做青(轻发酵)、杀青、揉捻和干燥。乌龙茶的制法综合了红茶和绿茶的初制工艺特点。因为,萎凋和发酵是红茶制造工艺的关键,只不过发酵程度较乌龙茶发酵程度要重些。杀青则是绿茶初制中的关键工序。从内含成分茶多酚变化看,红茶通过发酵作用,促使茶多酚发生一系列深刻的变化,其初制中减少率为 65%～75%,故把红茶称为发酵茶。绿茶通过杀青钝化了酶的活性,使茶多酚主要发生了异构化、裂解等非酶性的转化,其减少率为 10%～20%,故把绿茶称为不发酵茶。乌龙茶的加工必须是通过萎凋,然后经做青轻发酵,促使叶片的边缘损伤而产生类似红茶的酶促反应,而后叶片中部未氧化部分则用杀青钝化酶的活性,抑制其氧化,多酚类减少率一般在 25%～40%之间,所以称乌龙茶为半发酵茶。

乌龙茶可分为闽北、闽南以及台式乌龙茶等几种不同类型,加工方法大同小异,略有不同,分别说明如下。

#### 1. 闽北乌龙茶

闽北乌龙茶产于武夷山一带,以武夷岩茶为代表,按茶树品种及产地不同分为 10 多个品种。其品质特点:外形粗壮紧实,色泽油润,香味浓厚持久,具有花香和岩韵,汤色深橙鲜明。武夷岩茶的加工工艺分为萎凋、做青、杀青、揉捻、干燥 5 道工序。

(1)萎凋 萎凋是岩茶加工的第一道工序,包括晒青和晾青。目的是散发部分水分,提高叶子的韧性,便于摇青,同时伴随水分散失,使鲜叶发生一系列化学变化,散发部分青草气,利于香气的透露。武夷岩茶的萎凋做法,通常是先晒青后晾青。鲜叶进厂后,分别将鲜叶薄摊于篾席上(0.5～1千克/米²),在阳光下晒青。时间 0.5～2 小时,每隔 15～30 分钟翻拌 1 次。至鲜叶减重率达 6%～12%时,叶片失去光泽,叶色较暗绿,顶叶下垂,梗弯而不断,手捏略有弹性感时,即可转入室内晾青,以散发热气,使梗叶水分重新分布,俗称"还阳"或"回阳"。晾青的摊叶厚度 1.5～2 厘米,时间 30～60 分钟,每15～20 分钟翻拌 1 次。

(2)做青 在晒青、晾青之后为做青工序。通常是在摇青机中进行,所以又称为摇青,是形成乌龙茶特有品质的关键,奠定乌龙茶香气滋味的基础。其目的是随着摇青过程,叶片在摇青机内发生相互碰撞摩擦,引起叶缘组织破损,空气进入叶肉组织,促使茶多酚的氧化,从而引起复杂的化学变化,形成乌龙茶特有的汤色、香气和滋味。通常采用的摇青机,筒长160～200 厘米,筒径 60 厘米,转速 25～30 转/分。装叶量10～12.5 千克。摇青操作极为繁复,即将晒(晾)青后的鲜叶置于摇青机(或水筛)行第一次摇青,摇动数转后,再将鲜叶摊放于晾青架上晾青,静置一定时间后,行二次摇青。周而复始,摇青 4～8 次不等。武夷茶的做青技术要求,列于表 4-4,供参考。

表 4-4　武夷茶做青技术要求

| 做青次数 | 1 | 2 | 3 | 4 | 5 | 6 | 7 | 8 |
|---|---|---|---|---|---|---|---|---|
| 摇青时间(分) | 0.5 | 1.0 | 1.5 | 2.0 | 2～3 | 3～4 | 3～4 | 2～3 |
| 静置时间(分) | 30 | 45 | 10 | 60 | 60～70 | 60～70 | 50～60 | |

(3)杀青和揉捻　乌龙茶的内质基本在摇青阶段已经形成,杀青是承上启下的转折工序。杀青的作用和绿茶杀青一样,主要是抑制摇青中酶的活性,控制多酚类的氧化过程,防止叶子继续红变,固定摇青形成的品质。通过杀青,使低沸点的青叶醇等青草气挥发和转化,显露出馥郁的茶香。同时在湿热作用下破坏部分叶绿素,使叶片黄绿而明亮;其次散发一部分水分,使梗叶柔软,便于揉捻。乌龙茶杀青通常采用锅式杀青机,投叶量 2～3 千克,杀青时间 4～6 分钟,锅温250℃～280℃。杀青至叶片柔软粘手,减重率 45%～50% 即可。下锅后趁热揉捻,如采用 40 型揉捻机,每桶投叶量 5～6 千克,时间 6～10 分钟。

(4)烘焙干燥　乌龙茶的烘焙目的是为了抑制酶性氧化、蒸发水分和固定外形条索,并起热化作用,消除苦涩味,促使滋味醇厚。闽北乌龙茶的干燥分毛火和足火 2 次进行。

①毛火　采用烘笼时,温度 100℃～140℃,时间 12～15分钟,每笼投叶量 0.7～1 千克。先烘 4～6 分钟后,移灶翻拌 1次,再移到 95℃左右的烘炉上,烘 6～8 分钟,至七成干即可。

②摊放和簸拣　毛火后茶叶筛去碎末,簸去黄片和轻飘杂物后,摊于水筛晾青架上,在低温、高湿的夜晚放置 1 夜,第二天再烘足干。

③足火　采用低温慢焙。足火温度 80℃～85℃。摊叶1.5千克毛烘叶,一般 15 分钟翻抖 1 次,然后降低火温,再焙至足干。最后两笼并一笼,在 60℃左右焙 2～4 小时,直至有火香为止。

文火慢烘是岩茶特有的加工过程,对增进茶汤色泽、耐泡,滋味醇厚,香气熟化都有很好的效果。焙烘完毕,趁热装箱即可。

## 2. 闽南乌龙茶

铁观音茶是闽南乌龙茶的典型代表品种,主产于福建省安溪县境内。用无性繁殖的铁观音品种制成的乌龙茶,品质最优。铁观音茶外形条索紧结重实,色泽砂绿润亮,内质音韵独特,滋味甜醇。闽南铁观音茶的加工工艺是:萎凋(晾青和晒青)、摇青、杀青、初揉、初烘、包揉、复烘、复包揉、足火。

(1)萎凋　闽南乌龙茶的萎凋工序与闽北乌龙茶不同。闽南乌龙茶萎凋采用先晾青后晒青,萎凋失重力较轻,因而表现为萎凋程度较闽北乌龙茶为轻。其方法是采回的鲜叶预先摊放于水筛(水筛直径 100 厘米)上晾青,每筛摊放 1.5～2 千克。摊青时间 3～4 小时。在这个过程中须翻动 2～3 次,使水分蒸发均匀,然后转入晒青。晒青时间 25～30 分钟,中间翻 1 次即可。萎凋适度时,叶子呈轻萎凋状态,叶质柔软无光泽,呈暗绿色,手持嫩梢基部,顶端 1～2 叶下垂,失重率 5%～10%。

(2)摇青　摇青又称做青,采用摇青机进行。闽南乌龙茶摇青次数少于闽北乌龙茶,但摇青转数较多,间隔的时间也长。所以闽南乌龙茶的制法是轻萎凋重做青。摇青的投叶量为 40 千克(约为筒内容量的一半),转速 25～30 转/分。摇青次数一般 4～5 次,每次间隔时间由短到长,摊青厚度由薄到厚。具体操作规程参考表 4-5。

**表 4-5　铁观音摇青技术参数**

| 摇青次数 | 季节 | 1 | 2 | 3 | 4 | 5 |
|---|---|---|---|---|---|---|
| 摇青时间 | 春 | 4～4.5 | 7～9 | 13～17 | 23～27 | |
| (分) | 夏 | 2～3 | 3～6 | 10～13 | 15～17 | |
| | 秋 | 2～3 | 6～8 | 10～13 | 20～23 | 6～10 |
| 静置时间(分) | | 30～60 | 120～180 | 180～240 | | |
| 摊青厚度(厘米) | | 7～10 | 10～12 | 13～16 | | |

（3）杀青　锅温 260℃～280℃，杀青时间 7～10 分钟。杀青至减重率 30% 左右即可。

（4）揉捻和烘干　包括初揉、初烘、整形（包揉）、足烘。初揉，采用揉捻机，揉捻 6～8 分钟即可。初烘，采用烘干机，温度 100℃～120℃，厚度 2～3 厘米，时间 10～12 分钟，至六成干即可。包揉整形，采用整形机，投叶量 10～13 千克，锅温 80℃～100℃。整形时间嫩叶 15 分钟，中等叶 30 分钟，老叶 50～60 分钟，至茶叶含水率 20%～30% 即可。足烘，经整形后茶叶最好经筛分，粗老的筛面茶须再整形。足烘采用烘干机时，温度 80℃～90℃，时间 20 分钟。焙笼复烘，温度 60℃～70℃，每笼投叶 1～2 千克，烘 1～2 个小时至足干。中间可摊晾 1 次。足干茶叶的标志是：折梗不断，叶片手捻可成粉末，水分不超过 7%。

## 3. 台湾乌龙茶

台湾乌龙茶的制法是吸收了福建闽北和闽南的制法，并结合台湾的气候条件、品种特点及市场需求等条件发展而成的。台湾乌龙茶的种类较多，制造方法也略有不同，现以包种茶为例介绍其加工方法。包种茶制造工艺是：日光萎凋、室内萎凋（静置和搅拌）、炒青、揉捻、初干、焙干。

（1）日光萎凋　将鲜叶摊放于麻布埕中，每平方米摊叶 0.1～1 千克，日晒温度以 30℃～40℃ 为宜。时间 10～20 分钟，太阳弱时可延长至 30～40 分钟。萎凋过程中轻翻 2～3 次，至叶片光泽消失，叶质柔软，减重率达 8%～12% 为宜。

（2）室内萎凋和搅拌　实际上是晾青和摇青作业。经日光萎凋的叶子，移入晾青间，薄摊 0.6～1 千克/米²，静置 1～2 小时，至叶缘失水而微呈波纹时进行第一次搅拌（即做青）。具体的工艺规程可参考表 4-6。摇青至叶面 30%～60% 呈红褐色,有熟果香,减重率达 25%～30%即可。

表 4-6　包种茶摇青技术表

| 摇青次数 | 1 | 2 | 3 | 4 | 5 | 合计 |
|---|---|---|---|---|---|---|
| 时　间<br>(分钟) | 1 | 2 | 3 | 5 | 5～7 | 16～18 |
| 静置时间<br>(分钟) | 90 | 90 | 60～75 | 60～75 | 6 | 360～405 |
| 摊叶厚度<br>(千克/米²) | 1.0 | 1.5 | 2.0 | 4.0 | 4～5 | |

（3）炒青　即杀青。采用圆筒炒干机,温度 160℃～180℃。至叶质柔软,无青臭气,减重率 35%～40%即可。

（4）揉捻和初干　投叶量 6 千克左右,初揉 6～7 分钟,再加压 3～4 分钟。然后用烘干机初烘,再将揉捻叶趁热装入特制的布袋中,用团揉机团揉。经 3～5 次烘和团揉,茶叶水分慢慢散失,外形逐渐卷紧成半球形后,即可干燥。

（5）干燥　采用烘干机分 2 次干燥。第一次温度 105℃～110℃,摊叶厚度 2～3 厘米,时间 25～30 分钟,至六成干时,取出摊晾 30～60 分钟,第二次再用 80℃～90℃温度烘至足干即可。

## （四）黄　茶

黄茶属轻发酵茶类。基本工艺近似绿茶,但在制造过程中加以闷黄,因此具有黄汤黄叶的品质特点。黄茶按其鲜叶老嫩分黄大茶与黄小茶两种。目前生产的黄小茶有君山银针、蒙顶黄芽、霍山黄芽、北港毛尖、鹿苑毛尖、平阳黄汤、沩山白毛尖、皖西黄小茶等;黄大茶有皖西黄大茶、广东大叶青茶等。黄茶的制造工艺近似绿茶,但有其闷黄过程,又区别于绿茶。典型的工艺流程是:杀青→闷黄→干燥。黄茶没有完整的揉捻工序。如君山银针、蒙顶黄芽是不揉捻的;北港毛尖、鹿苑毛尖、霍山黄芽只在杀青后期在锅内轻揉,也没有独立的揉捻工序。黄大茶和大叶青茶因芽叶大,通过揉捻塑造条索,以达到外形规格要求,而对黄茶色泽形成没有直接影响。现按黄茶工序介绍如下。

### 1. 杀 青

黄茶通过高温杀青,以破坏酶的活性,蒸发一部分水分,散发青草气,对香气形成有重要作用。黄茶杀青要掌握"高温杀青,先高后低"的原则,以彻底破坏酶的活性,防止产生红梗红叶和烟焦味。在操作过程中,必须将叶子杀透、杀匀,红梗红叶红汤不是黄茶的质量要求。与同等嫩度的绿茶相比,一些黄茶杀青投叶量偏多,锅温偏低,时间偏长。因此,要求在杀青时适当少抛多闷,提高叶温,彻底破坏酶的活性。由于杀青时叶子处于湿热情况下的时间较长,叶色微黄,杀青过程也存在轻微的闷黄现象。杀青程度与绿茶无多大区别,只是有些黄茶在杀青后期结合滚炒轻揉做形,在出锅时含水率稍低。

黄茶揉捻不成为一道工序,在湿热条件下易揉成条,也不影响品质。同时,揉捻后叶温较高,有利于加速闷黄过程。

### 2. 闷 黄

闷黄是黄茶类制茶工艺的基本特点,也是形成黄色黄汤品质特点的关键工序。从杀青开始至结束,都可以为茶叶黄变创造适当的湿热工艺条件。但作为一个制茶工序,有的在杀青后闷黄,如沩山白毛尖、广东大叶青、温州黄汤;有的则在毛火后闷黄,如霍山黄芽、黄大茶;还有的闷炒交替进行,如蒙顶黄芽三闷三炒;有的则是烘闷结合,如君山银针为二烘二闷;而温州黄汤第二次闷黄采用边烘边闷,故称为"闷烘"。

影响闷黄的因素主要有茶叶的含水量和叶温。含水量愈多,叶温愈高,则在湿热条件下黄变过程也愈快。闷黄时理化变化速度较缓慢,不及黑茶渥堆剧烈,时间也较短,故叶温不会有明显升高。制茶车间的气温,闷黄的初始叶温、闷黄叶的保温条件对叶温影响较大。为了控制黄变过程,通常要采取趁热闷黄,有时还要用烘、炒来提高叶温。闷黄过程要控制含水率的变化,防止水分的大量损失,尤其是湿坯闷要注意环境相对湿度和通风条件,必要时盖上湿布,以提高局部湿度和阻断空气流通。

闷黄时间长短与黄变要求、含水率、叶温密切相关。在湿坯闷黄的黄茶中,温州黄汤闷黄时间最长(2～3 天),而且最后还要进行烘闷,黄变程度较充分;北港毛尖的闷黄时间最短(30～40 分钟),黄变程度不重,因而常被认为是绿茶,造成"黄(茶)绿(茶)不分";沩山白毛尖、鹿苑毛尖、广东大叶青则介于上述两者之间,闷黄时间 5～6 小时。君山银针和蒙顶黄芽闷黄和烘炒交替进行,不仅制工精细,而且闷黄是在不同含水率条件下分阶段进行的,前期黄变快,后期黄变慢,历时2～3 天,属于典型的黄茶。霍山黄芽在初烘后摊放 1～2 天,黄变不甚明显。黄大茶堆闷时间长达 5～7 天之久,但由于堆闷时水分含量低(已达九成干),故黄变十分缓慢,其深黄显褐的色泽,大都是在高温拉老火过程中产生,并非堆闷中形成。

### 3. 干　燥

一般采用分次干燥法。方法有炒干和烘干两种。干燥时温度掌握比其他茶类偏低,且有先低后高之趋势。这实际上是使水分散失速度减慢,在湿热条件下,边干燥,边闷黄。沩山白毛尖的干燥技术与安化黑茶相似；霍山黄芽、皖西黄大茶的烘干温度先低后高，与六安瓜片的火功同出一辙。尤其是皖西黄大茶，拉足火过程温度高，时间长，色变现象十分显著，色泽由黄绿转变为黄褐，香气、滋味也发生明显变化，对其品质风格形成产生重要作用。与闷黄相比，其黄变程度有过之而无不及。

## （五）白　茶

白茶属轻微发酵茶类。制造工艺独特，分为萎凋和干燥两大部分。干茶表面密布白色茸毛，这一品质的形成，一是采摘多毫的幼嫩芽叶制成；二是制法上采取不炒不揉的晾晒烘干工艺。白茶有芽茶和叶茶之分。芽茶如白毫银针；叶茶如白牡丹、贡眉等。两者制法大体相似，略有差别。

### 1. 白毫银针制法

制造程序为：茶芽→萎凋→烘焙→筛拣→复火→装箱。春季当茶芽长出第一片真叶尚未开展时，连叶采下，再将芽、叶分开，茶芽作银针原料，叶片拼入白牡丹原料制叶茶。夏秋茶芽小，欠壮，一般不宜制白茶。

采下茶芽均匀薄摊于水筛（一种大孔眼的竹筛）上，每孔约为 1.4 厘米见方，篾条宽 1 厘米左右，勿使茶芽重叠。每筛摊叶 0.25 千克，摊后即置架上日晒，勿加翻动，以免茶受机械损伤而红变。在晴爽天气，晒 1 天达八九成干度，再用焙笼烘焙，焙心上垫一层白纸，每笼放茶芽 0.125 千克，火温 30℃～40℃。如火温太高，摊芽厚，则芽色焦红，香气不纯。如火力不足，芽色容易变黑；火候太过，则芽色变黄而欠白。如遇天气潮湿，日晒 1 天只能达六七成干时，翌日再晒至八九成干后焙干，如遇雨天，则用 40℃～50℃文火焙干。

**2. 白牡丹、贡眉制法**

白牡丹与贡眉制法基本相同,区别在于采自不同品种的茶树。制造程序为:鲜叶→萎凋→烘焙(或阴干)→拣剔(或筛拣)→复火→装箱。

白牡丹鲜叶原料来自大白茶茶树品种的1芽2叶嫩梢,要求三白,即芽白和第一、第二叶背具有浓密白色茸毛。芽与叶长度相等,芽白长度不宜短于叶,以采春茶第一轮新梢为好。贡眉采自菜茶有性群体品种,采摘要求与白牡丹相同。

(1)初制方法 鲜叶采回后,用水筛摊叶,每筛摊放鲜叶0.3千克左右,用手持筛子加以转动,使芽叶均匀薄摊于筛上,以不重叠为度,俗称"开青"或"开筛"。摊好后置于通风良好的萎凋室晾青架上,勿需动,萎凋35~45小时,至芽叶毫色发白,叶色由浅渐深,部分叶张贴着筛上,称为"贴筛",叶尖翘起,俗称"翘尾"。叶缘略显垂卷,叶面出现波纹,青气消失,即可两筛并为一筛(这样处理,一是因为叶子萎缩,体积缩小,容易引起叶缘干枯;二是减缓叶子萎凋失水;三是防止叶张干燥后形成平板状的摊张),继续萎凋至含水量为22%,俗称"八成干",再将两筛并为一筛,继续萎凋10余小时,至含水量为13%左右,俗称"九五干",即成萎凋适度的毛茶。这种全萎凋的毛茶品质最好。萎凋历时因气温及相对湿度而异,应灵活掌握。一般室内萎凋总历时在48~72小时之间。如中途气候发生变化,阴而寒冷,萎凋程度到八成干时可下筛摊堆。萎凋程度轻的可堆厚些,萎凋程度重的可摊得薄些。如只萎凋到六七成干,应分2次焙干,初焙焙笼温度要高(100℃),焙至八九成干后进行摊晾,复焙用低温(80℃)焙干。如果萎凋历时过短(24小时以内),萎凋程度轻,萎凋叶失重在40%以下即行焙制的,成品色泽燥绿渐转黄绿,香味青涩,不符合白茶的品质要求。如过分延长萎凋时间达 72 小时以上的,成品色泽暗黑,香味低次,甚至含有霉味。

白茶的萎凋也可采用日光与室内复式萎凋方式进行,这样可缩短萎凋时间和提高茶汤醇度。但日晒只能在春季早晚日光不太强时进行,历时 20～25 分钟,勿超过 30 分钟。日晒后即移入室内自然萎凋,可视情况反复进行 2～4 次,移入室内萎凋至适度。

春季如遇阴雨天气、寒冷天气时,也可采用加温萎凋。室内温度掌握在 28℃～30℃ 之间(勿超过 32℃),相对湿度 65%～70%(不可过高,也不能低于 50%),萎凋 34～38 小时,至含水量为 14%～16%,下筛初焙,经摊晾筛拣后,再用低温复焙至干。

(2)精制方法　白牡丹和贡眉精制主要是拣去杂物,焙发香气,利于贮藏。焙制过程要尽量保持芽叶连枝。高等级的白牡丹,多用手工拣剔,其程序为:

毛茶→拣剔 ⎰ 正茶→匀堆→烘焙→装箱
　　　　　⎱ 片梗→归副茶处理

在拣剔去梗过程中,带有叶张的梗不宜摘下,应保留原来枝叶相连的特征。老梗尾部带有毫心而不带叶张的,其毫心部分则应摘下,拣去老梗。

半成品并堆后,用烘干机复火,进口温度 120℃～130℃,摊叶厚约 2 厘米,焙至含水量 5% 左右,大约历时 15 分钟。高级茶火候应稍轻,做到以火候衬托茶香,并保持毫香明显;低级茶火候要做到以火香助茶香,烘干后应趁热装箱以防芽叶断碎。装箱操作要轻,逐层摇实,加压要轻,用力均匀。

## (六)黑　茶

黑茶属轻发酵茶类。湖南黑茶、湖北老青茶、四川边茶、广西六堡茶和云南的普洱茶等都属此类。黑茶制造工序大同小异，其基本特征是都经过渥堆，这是形成黑茶品质的关键性工序。经过这一道特殊工序，使叶肉的内含物发生一系列复杂的化学变化，形成了黑茶特有的色、香、味。这里选择湖北的老青茶制法为代表介绍如下。

湖北老青茶产于蒲圻、咸宁、通山、崇阳、通城等市、县。老青茶的制造分面茶和里茶两部分。面茶较精细，里茶较粗放。面茶制造工序为：杀青→初揉→初晒→复炒→复揉→渥堆→晒干。里茶的制造工序依次为：杀青→揉捻→渥堆→晒干。

### 1. 杀 青

依据茎梗皮色把老青茶的鲜叶原料分为3个等级：一级茶（洒面）以白梗为主，稍带红梗，即嫩茎基部呈红色；二级茶（二面茶）以红梗为主，顶部稍带白梗；三级茶（里茶）为当年生红梗，不带麻梗。杀青一般使用84型双锅杀青机，锅温300℃～320℃，每锅投叶量8～10千克。投叶后加盖闷炒6～9分钟，待青气消除，发出茶香，叶色变暗绿，叶质柔软，即可出锅。要求做到杀透杀匀，避免炒焦，以利揉捻。如杀青不透，揉捻时叶子会揉成丝瓜瓤状，并易产生脱皮梗。杀青过老，含水量太少，叶质干枯，揉捻时形成摊片，俗称"鸭脚板"，也影响品质。在天气过分干燥或叶质过于粗硬时，可适当洒水后再行杀青。杀青完成，要及时出叶。

### 2. 初 揉

杀青叶必须趁热揉捻，因老青茶质地粗老，纤维含量多，果胶质、蛋白质少，不趁热揉，热量、水分散失，条索不易揉紧，叶片容易揉碎。揉捻方法，目前主要是采用40型和55型两种揉茶机揉捻。40型揉捻机一次可揉杀青叶7～8千克，55型一次可装杀青叶20～25千克。由于采用闷气杀青和趁热揉捻，含水较多,一开始重压,易形成"死坨",中间叶子翻动不匀,不易成条,因此加压应由轻到重,逐步增加。40型揉捻机加压顺序为轻压 1 分钟→中压 2 分钟→重压 4～5 分钟;55 型揉捻机顺序加压为:轻压 1～2 分钟→中压 2～3 分钟→重压 5～6 分钟。初揉全程 8～12 分钟,以揉至叶片卷皱,初具条形为度。

### 3. 初　晒

揉捻完成后,立即出晒,以蒸发水分和使初揉形成的外形得到固定。出晒场地必须清洁卫生,不能在泥地上随地乱晒,需在水泥晒场并在竹篾铺垫上晒,注意经常翻动,晒至茶条略感刺手,握之有爽手感,松手有弹性,即可收拢成堆,使叶间水分重新分布均匀,含水量在 35%～40%。

### 4. 复　炒

复炒的目的是把初晒叶炒热、回软,以便复揉成条。复炒仍于杀青机中进行,但锅温较低,为 160℃～180℃。初晒叶下锅后,即加盖闷炒 1.5～2 分钟,待盖缝冒出水汽,手握复炒叶发软,立即出锅,趁热复揉。

### 5. 复　揉

复揉目的是使茶条进一步卷紧,揉出茶汁,以利渥堆。复揉仍在中小型揉捻机中进行。复揉时间:小型机为 2～3 分钟,中型机为 4～5 分钟。加压由轻到重,以重压为主。

### 6. 渥　堆

渥堆目的是使叶内多酚类化合物在水热作用下继续发生化学变化,消除香气和涩味,形成汤色橙红而浓厚、滋味纯和的特有品质。渥堆茶坯的含水量,洒面、二面要求为 26%,里茶要求为 36%。各级茶坯应分开渥堆,不能混合。中间翻堆 1 次。其做法是用铁耙将茶坯筑成长方形小堆,边缘部分需踏紧踏实,以利于保温。经 3～5 天,面茶堆温上升到 50℃～55℃,

堆顶布满红色水珠,叶色呈黄褐色;里茶堆温达60℃～65℃,堆顶满布猪肝色水珠,叶呈猪肝色,茶梗变红,即为第一次渥堆适度。此时进行翻堆,用铁耙耙开,打散团块,将边缘部分翻入中心,堆底部分翻到堆顶,重新筑堆,使茶继续进行非酶性自动氧化。此后,再经3～4天,待茶堆重新出现水珠和叶色,原有粗青气消失,含水量接近20％左右,手握茶有刺手感,即为渥堆适度,应及时翻堆出晒。

渥堆时间长短,依据茶坯含水量、茶堆大小和温度高低而定,需多检查,多嗅闻,多观察,根据实际情况至茶坯没有水汽味、青气味而发出香气时,撒开晒干。

### 7. 晒 干

老青茶的干燥,通常采用晒干方法。但切忌在泥地上晒,以免茶叶混入泥沙或其他夹杂物,要在水泥地晒场上或晒垫上晒干。晒至梗折可断,干燥刺手,含水量达15％左右即可。

老青茶在制作过程中,鲜叶和揉捻叶都不宜堆放过久,不然会造成"渥青"或"网筋叶"。揉好的茶坯遇阴雨天,不能及时初晒时,应将揉捻叶抖散堆积,压紧压实。如茶堆内发热,应及时翻开,散发热气后再堆紧,如此反复进行,直到天晴出晒。切不可将揉捻叶薄摊,因薄摊会使黑霉菌生长繁殖,使茶叶霉烂脱梗,叶面发黑,品质劣变。

# 四、机器的选择与使用

无公害茶加工机器的选择,主要是注意制作茶机的材料、机器选型和配置。在茶机的使用过程中要防止茶园作业机油料污染茶园和加工场所,保持清洁卫生等问题。

## (一)茶厂茶机材料与选型

在现实茶叶生产中,部分茶叶产品中铅、铜金属含量超标,其污染来源之一是茶机设备。无公害茶生产茶厂机器设备的配置,应依据所制茶类的品质要求及其工艺流程、台时产量、机械性能选择制茶设备。为避免茶叶受重金属的污染,进行无公害茶生产的所有茶机、用具必须是无污染材料制成,允许使用不锈钢器具和食品级塑料,也可以用竹子、藤条、树条等天然材料制成的器具、器皿。尽量不用含铅量高的材料,如铅青铜、锡青铜、铅黄铜等制造直接与茶叶接触的部件,以防茶叶受到铅污染。对铁锅和生铁铸件,也尽可能选用杂质较少的材料。禁止用铅含量超过 5% 的铅铝焊条。铅含量少于 5% 的焊条,只有 pH 值在 6.7~7.3 之间才可使用。

## (二)茶机的配置

依据选好的制茶机型号,确定单机投叶量和完成一次性作业的时间,推算出各机型的台时产量,再依据生产规模和既定的工艺规程,折算成各工序加工出的在制品数量,并按茶机在茶季洪峰期间每天工作 20 小时计算出各工序所需茶机台数,就可统计确定全厂各车间应配茶机台数。

选好的茶机,凡需配备炉灶、燃油罐、煤气瓶及风机等,一律在车间外建造安装,以免造成车间内环境污染。

## (三)茶机的使用与维修

在茶园管理机械中,对茶园易造成污染的主要是动力燃料与润滑油料。目前采茶机和修剪机基本上使用汽油与机油容积比为 20∶1 的混合油为燃料,这些备用燃油必须盛放在密闭的金属容器中,避免翻倒外溢。加注燃料也必须移至园外,不得在茶行中进行,以免污染茶园。以汽油机为动力的采茶机,必须使用无铅汽油为燃料,防止废气中铅对茶树的污染。

采茶机、修剪机刀片润滑使用的刀片专用油,也应采用无色、无味、对人体无害的品种为好。

初制茶厂的杀青机具,无论是杀青机或手工杀青锅在首次使用时,必须用米醋擦洗,洗去金属表面的油污。不少龙井茶的铅含量超标,与新购铁锅没有用醋酸清洗有关。

每当茶季结束对茶机进行维修时,如烘干机的鼓风机、热风导管内层用油漆刷过的,必须在加热条件下开机空转,去除油漆中的铅和异味,特别是用丹红漆涂刷的更易造成铅的污染;部分小茶机与茶接触的部件是用焊锡焊接的,因锡中含铅量高,也易造成对茶的污染。制红碎茶和绿碎茶使用铜芯转子机,会严重造成铜的污染,以使用不锈钢转子机为好。凡是茶叶与金属产生强烈摩擦的部位,如茶叶精制中用齿切机切茶,应适当放松齿距,减少茶与铁的摩擦程度,减少金属污染。

### (四)设备卫生

采茶机、修剪机等在使用前必须擦洗干净(清洗用水符合GB5749—1995生活饮用水卫生标准)。茶厂设备、场地等在茶季开始前应全面、彻底清扫,抹去墙面、天花板、门窗的灰尘,清洗盛放器具,清洁加工设备和加工用具,除去锈油和锈斑。在加工期间,加工场内不应存放其他杂物,加工设备、用具、器具等均应摆放整齐,保持清洁。场地应坚持每天至少清扫 1 次。加工茶叶的炉灶应在车间外另建灶间,避免燃料、灰尘等污染茶叶。每当茶季结束,必须对茶厂进行清扫,茶机实行维修与保养,必要时对茶厂实行物理、机械或生物方法灭菌和消灭病虫孳生条件,保持茶厂的整洁。

# 五、工作人员素质及健康

无公害茶生产的各个加工环节都必须保持制品的清洁卫生，千万不能马虎大意。事实上"重虚不重实"的现象，在有些地区时有发生，注重领取无公害茶生产证书，而不注意生产的各个环节，特别是人员的素质培养，为此必须引起足够的重视。

## （一）上岗前必须培训

凡从事无公害茶生产加工的所有人员，在上岗前必须经过有计划的培训，增强无公害茶生产意识，熟悉产品的卫生标准，掌握操作技能和方法。

## （二）操作人员的健康检查

从事无公害茶加工的人员，在上岗前和每一年度均需做1次身体健康检查，健康合格者才能上岗。患有传染病、皮肤病和其他有碍食品卫生疾病的人员不准上岗。新参加工作或临时参加工作的生产经营人员，也必须进行健康检查，取得健康合格证后方可上岗。

## （三）个人卫生

凡参加无公害茶生产的工作人员，必须养成良好的个人卫生习惯，做到"四勤"：勤剪指甲，勤洗澡、理发，勤洗衣服、被褥，勤换工作服。在进入工作现场时必须洗手、更衣、换鞋、戴工作帽和口罩，以免有害细菌和头发等不洁净物质混入茶叶之中。离开工作现场时应换下工作服、帽、鞋存入原来位置。严禁在工作场所吸烟和随地吐痰，严禁工作人员穿普通鞋（有尘土的）进入工作场所。工作服必须定期清洗，保持整洁。工作人员上岗后保持一双清洁卫生的手,是防止茶叶受到污染的重要预防措施之一,在茶叶包装过程中尤为重要。消毒的具体措施可采用流动水并用肥皂洗刷,然后用 75% 的酒精棉球擦拭即可。

# 第五章　无公害茶的包装及贮运

茶是极易变质的农副产品,贮运过程中稍不注意,就会引起质变,降低其使用价值,因此,包装与贮运显得特别重要。

## 一、包　装

茶叶的包装在茶叶贮存、保质、运输和销售中是不可缺少的。不合理或不完善的包装往往会加速茶叶色、香、味的丧失;而良好的包装,不仅能使茶叶从生产到销售各个环节中减少品质的下降,还能起到很好的广告效应,同时也是实现茶叶商品价值和使用价值的重要手段。无公害茶的包装,重点着眼于材料的选用、包装的方式和标识等几个有关问题。

### (一)包装材料的选用

无公害茶的包装材料,必须是无毒的食品级的包装材料。目前主要使用的有:纸板、牛皮纸、白板纸、聚乙烯(PE)、铝箔复合膜、玻璃制品等;主要容器有马口铁茶听、铝罐、竹木容器、瓷罐等以及内衬纸及捆扎材料等。纸质包装材料必须达到GB11680—89 所规定的要求。从卫生要求考虑,不准使用聚氯乙烯(PVC)、混有氯氟碳化物(CFC)的膨化聚苯乙烯等作包装用材,也不得使用含有荧光染料的材料。重复包装茶叶的布袋,使用前必须清洗干净。不可使用盛装过其他物品的食品袋包装茶叶。

茶叶中含有萜烯类化合物,具有吸湿和吸收异味的特性。从茶叶保鲜、保质角度考虑,包装材料必须干燥、坚固、防潮、遮光、隔氧和无异味、无机械损伤等。各种包装材料的卫生、规格应符合 WMB48—1981②《茶叶包装标准》的要求。通常在选择时尽可能选用透湿量小于1(单位为克/平方米·天),透氧量在透湿量相近的情况下,相对小一些的材料较为适宜。包装材料的规格要求,在我国出口茶的检验标准中有详细的规定。除了对各种包装和茶箱牢固度进行检验外,主要是对包装材料依据各种技术指标分项检验。如对箱板厚度、箱板含水量、铝箔质量、包装纸定量、吸湿性、荧光物质含量、防潮性、包装滤纸的滤速、湿强度、浸出率等进行检验。

总之,无公害茶的包装材料的选择,既要注意不污染茶叶,也不能污染环境,包装废弃物必须集中统一进行无害化的处理。

## (二)包装形式

茶叶的包装有多种,其目的和作用各不相同。从用途角度分为运输包装和礼品包装。从层次分也有内外包装的差别,内包装主要起保质作用,外包装着眼于装潢美化,提高整体的美学效果。运输包装起保质作用,同时也便于搬运和仓贮;礼品包装除保质外,还兼顾装潢美化功能。以包装体积分,有大包装和小包装两种。大包装主要用于大批量的贮藏和运输;小包装也包括礼品包装,则是为了更好适应不同层次消费者的需求。不论何种包装,其材质必须符合牢固、整洁、美观大方,并具防潮、绝气、遮光的性能。大包装的方式有箱包装和袋包装两类。主要用于大批量交货包装。箱装茶有木板箱、胶合板箱和牛皮纸箱等3种。一般外套麻袋或席包,茶箱内壁衬60克和40克的牛皮纸,中间是0.014毫米的铝箔裱糊,起防潮作用。袋装茶用麻袋和纸袋装,内衬塑料袋(或是塑麻袋)防潮。采用这种做法时最好先装用筋梗毛衣或废弃茶叶,消除塑料异味后再使用。用麻袋作外包装,内衬的聚乙烯薄膜袋厚度不应小于70微米,同时内袋尺寸要适当大于外袋,这样内袋才不易破裂。

长期以来我国出口茶叶的大包装的外包装箱多采用夹板材料。从20世纪90年代以后,由于进口国拆箱和回收利用困难,同时出口国因木材资源日益匮乏,已逐步被纸板箱所代替。茶叶是一种国际间流通的商品,因此,茶叶包装也必须符合国际贸易惯例和重视国际化标准。目前国际上集装箱运输发展迅速,茶叶的出口运输已采用标准茶箱、标准托盘、标准集装箱的集合包装。外销茶的纸袋包装尺寸已有国际标准,并与国际上通用的托盘相匹配。这种纸袋用5层牛皮纸组成,中间隔有9微米铝箔和无毒高分子材料,纸袋规格为720毫米×1 120毫米,每袋可装茶约50千克,相当于一只400毫米×500毫米×600毫米的板箱装茶量。20只茶叶纸袋装一托盘,然后组装成集装箱。整个包装过程基本实现了机械化作业。目前这种包装方式国内还较少采用,但必须引起足够的重视,并与国际标准相衔接。

茶叶的小包装主要用于产品销售和礼品包装,从20世纪80年代起得到快速发展,到90年代末,小包装茶销售已约占全国茶叶销售量的1/2。通常采用软包装或铁罐、纸罐包装。包装容量小到3克,大到500克,式样繁多,各具特色。小包装之一的袋泡茶也得到开发,并已形成一定的内销和出口规模。国外袋泡茶滤纸常用漂白马尼拉麻浆及长纤维木浆制成,国内则用桑皮韧纤维和漂白木浆制造的为多。国际标准滤纸定量为 12～14 克/平方米,国内开发的每平方米 13 克。不管采用何种滤纸,都必须以天然纤维为原料,并符合食品卫生标准的才能使用。

茶叶塑料软包装和纸质包装,由于它直接接触茶叶,所以用材必须符合卫生要求。无公害茶软包装材料必须符合 GB11680—89《食品包装用原纸卫生标准》,GB9693—88《食品包装用聚丙烯树脂卫生标准》,GB9691—88《食品包装用聚乙烯树脂卫生标准》,GB9683—88《复合食品包装袋卫生标准》等。外部标签也必须符合 GB7718—87,GB7718—94 规定的内容。

材料与包装技术的进步,促使茶叶包装方法的更新,采用多层铝箔复合材料进行除氧真空包装或充氮包装是近年来在茶叶包装上使用比较普遍的方法。其方法是先将茶叶烘干到含水量 5%左右,不超过 6%,足干的茶叶置入多层铝箔复合袋中,袋口用热封口设备封装牢固。用呼吸式抽气机抽出包装袋内的空气,或在抽出空气后同时充入纯氮气,封好封口贴,置于茶箱入库保存,一般均可保存 8 个月,如送入冷库,1 年以后仍有较好品质。

### (三)包装的标签

标签是指无公害茶包装容器上的标记。包括:附签、吊牌、文字、图形、符号及其他一切表明茶叶状态的说明。无公害茶的包装标签应符合 GB7718—1994《食品标签通用标准》的要求,其主要内容包括:茶叶名称、质量等级、产品标准号、净重含量、厂址、厂名、批号、出厂日期、保质期、标志和条码等。标签的作用在于便利消费者的选购。标签内容必须清楚、简单、醒目,不得以错误的或欺骗性的方式描述和介绍产品。

凡经绿色食品、有机茶认证组织颁发证书的产品,可以标志绿色食品、有机茶的图案和文字。但其标志的印刷必须按正式发布的式样和颜色按比例放大或缩小制作。

外销产品的商标号(唛号)按下列顺序编制:生产单位代号、年号、花色等级代号、批号组成。如工夫红茶的商标由 1 个汉字、4 个阿拉伯数字组成。汉字代表厂名,紧接汉字的第一个阿拉伯字代表出厂年份;第二个代表级别;第三、四个代表批次。如"祁 9105",即表示祁门茶厂,1999 年生产的一级第五批工夫茶。商标号刷于包外。除用商标号标明产品的名称级别批号外,还要表明件数、净重、皮重等,商标号贴于箱盖或置于包装袋中。

包装所用的标签,目前茶叶产品仍然引用中国食品标签通用标准,按代号 GB7718—94 的规定执行。

### (四)包装的衡量检查

包装的衡量检查是指茶叶包装容器上重量(毛重和净重)的称量和包装体积的测量。国家对抽检的实际重量与标明重量允许差额是有明确规定的:

散装茶　　10 千克装为±0.1 千克

　　　　　40 千克装为±0.25 千克

小包装茶　100 克装为 ±0.5 克

　　　　　500 克装为 ±2.5 克

因此,要求各种包装茶的净重必须标准化,尤其是要防止缺斤少两。同批(唛)茶的包装箱种、大小尺寸、包装材料、净重必须一致。胶合板箱或牛皮纸箱,应套外包装。包装上印刷油墨或标签、封签中使用的粘着剂、印油、墨水等均应无毒,防止引入二次污染。

# 二、贮　存

茶是一种经过加工处理的农产品,具有鲜爽清雅的自然风味,在贮存过程中稍有不当,就会失去原有的风味。因此,科学地贮存保鲜是维持茶叶品质的重要保障。

## (一)茶叶变质的原因

茶叶在贮存过程中陈化变质的因素很多,归纳起来主要是:水分、氧气、温度和光线。在诸多因素中,茶叶的水分(空气湿度和茶叶含水量)是导致陈化变质的主因,温度、光线、氧气等起加速和延缓陈化变质的作用。因此,无公害茶(毛茶和精茶)贮存仓库必须清洁而干燥,并有防潮、避光和通风等设施。周围环境清洁卫生,并远离垃圾堆、粪便池等污染源。入库存放的茶叶其含水量必须在 6%以下。库内配备去湿机或其他去湿材料。如用生石灰作为茶叶防潮去湿材料时,要避免茶叶与生石灰直接接触,并定期更换。仓库门窗在阴雨潮湿天气必须关闭,晴天打开通气,增加气流交换,以驱湿气。

## (二)建立专用仓库

无公害茶必须建立专用仓库,尽可能避免与常规茶共用。在贮存过程中要严格遵守《中华人民共和国食品卫生法》有关食品贮藏的规定。禁止与化学合成物质接触,严禁与有毒、有害、有异味、易污染的物品接触。搞好防鼠、防虫、防霉工作,禁止在库内吸烟和随地吐痰,严禁使用化学合成杀虫剂、防鼠剂和防霉剂。

## (三)健全仓库记录系统

入库的无公害茶标志、批号必须清楚醒目、持久,严禁受污染、变质以及标签、商标（唛头）与货物不一致的茶叶入库。不同批号、日期的产品应分别存放。建立起严格的仓库管理档案，详细记载出入仓库的无公害茶批号、数量和时间以及在库内的位置，以便检查核对。

在有条件的地区，提倡建低温、低湿封闭式的冷库贮存，其保鲜效果更好。一般库房要求温度不超过 5℃，湿度控制在 60% 以下。建造一座容积为 180 立方米的冷库，可贮放茶叶 1.5 万千克。茶叶经 8 个月贮存，品质基本不变，叶绿素含量是常规贮藏的 2 倍。维生素 C 含量是常规贮藏的 4 倍。

# 三、运　输

为保证加工好的无公害茶在运输过程中不受微生物等二次污染，对运输的工具、包装等有其特定的要求。

## （一）运输工具

运输无公害茶的工具必须清洁卫生，干燥，无异味。严禁与有毒、有害、有异味和易污染的物品混装、混运。凡装用过农药或化工物品，留存异味的车辆，不得运输无公害茶叶。

## （二）运输包装

运输包装必须牢固、整洁、防潮，并符合无公害茶的包装规定。在起运和到达地两端应有明显的运输标志，包括：始发站和到达站名称，茶叶品名、重量、件数、批号系统、收货发货单位地址等。在运输过程中包装必须牢固，有防潮和防曝晒的设施。装运时应轻装轻卸，防止碰撞破损。包装运输的图示标志必须符合 GB191 的有关规定。

### (三)运输记录完整

无公害茶装运前必须进行质量检查,在标签、批号和货物三者符合的情况下才能起运。填写好运输单据,字迹要清楚,内容正确,项目齐全。

# 第六章　无公害茶的产品质量标准

无公害茶是一种无污染的农产品。我国无公害茶的生产始于 20 世纪 90 年代初的绿色食品茶,90 年代中期以来有机茶的生产发展迅速,尽管已有近 10 年的生产历史,但产品标准的制订还比较滞后,除无公害茶、绿色食品茶已有行业标准外,有机茶只是地方标准,尚未制订过国家标准。茶叶的产品标准,涉及面较广,包括加工条件、产品等级、感官品质特征以及卫生要求等。现将无公害茶、绿色食品茶和有机茶产品质量标准重点介绍如下。

## 一、无公害茶

无公害茶的产品质量标准目前还只是地方标准和行业标准。第一个无公害茶地方标准是浙江省植物保护总站起草,浙江省农业厅提出并归口,浙江省质量技术监督局于 2000 年 12 月发布,标准编号 DB33/290.3—2000。农业部在 2001 年 9 月发布了无公害茶产品质量行业标准,标准编号 NY5017—2001。

无公害茶的产品质量标准主要内容包括:鲜叶加工条件、感官品质要求和卫生指标等。

## (一)鲜叶加工条件

第一,鲜叶盛装容器必须洁净、透气、无污染、不紧压,不得用塑料袋等软包装材料,运输、贮存时也必须清洁卫生。

第二,鲜叶、毛茶收购应严格执行验收标准,不得收购掺假、含有非茶类物质以及有异味、霉变、劣变的茶,或农药或其他物质污染等不符合卫生要求的茶叶,不得着色,不得添加任何人工合成的化学物质和香味物质。并堆和堆放地点应通风、干燥、洁净,不得与化肥等其他杂物混合存放。

第三,茶厂四周生态环境良好,空气清新。茶厂选址、厂区和建筑设计必须符合《中华人民共和国环境保护法》、《中华人民共和国食品卫生法》、《工业企业设计卫生标准》的有关规定;茶厂应远离粪池、垃圾场及排放三废的工业企业等各种现有的与潜在的污染源。厕所要有防蝇、防虫设施并保持洁净,无臭气。厂内设相应的更衣、洗涤、照明、通风、除湿、防霉、防蝇、防鼠和防蟑螂以及堆放垃圾的设施,加工废水和生活污水要有完善的收集、必要处理和排放系统,防止污染厂内外的环境。

第四,加工设备必须符合食品加工的卫生条件,设备和材料不污染茶叶,使用前后均应清洗,禁用含铅材料制造设备。

第五,参与无公害茶加工人员上岗前和每一年度均须体检,健康合格者才能上岗。必须保持个人卫生,禁止在厂内吸烟和随地吐痰。

第六,无公害茶的包装材料必须符合 GB11680—1989《食品包装用原纸卫生标准》的要求。

## (二)感官品质要求

具有绿茶、红茶、紧压茶、花茶的正常商品茶的品质外形及固有的色、香、味,不得混有异种植物叶,不含非茶类物质,无异味、无劣变、无霉变。

### (三)卫生指标

无公害茶的卫生标准主要内容包括农药残留和有害重金属等两个方面。2001年9月3日国家农业部发布了无公害茶叶的卫生指标(NY5017—2001),详见表6-1。但在这之前2000年12月浙江省发布的无公害茶卫生标准,有如下几点不同之处:一是增加了砷(As)的检出指标为≤0.5毫克/千克;二是对三氯杀螨醇、氰戊菊酯、甲胺磷、乙酰甲胺磷等4种农药规定严格,均为不得检出;三是氯氰菊酯的指标放宽到3毫克/千克;四是对铅(Pb)的要求继续执行过去老标准,即2毫克/千克,紧压茶为3毫克/千克。2001年7月1日后欧盟各国提出了进口茶叶农药残留新标准(表6-2),也可供参考。

表 6-1  无公害茶叶的卫生指标  (NY5017—2001)

| 项 目 | 指标(毫克/千克) |
|---|---|
| 铅(以 Pb 计) | ≤5 |
| 铜(以 Cu 计) | ≤60 |
| 六六六(BHC) | ≤0.2 |
| 滴滴涕(DDT) | ≤0.2 |
| 三氯杀螨醇 | ≤0.1 |
| 氰戊菊酯 | ≤0.1 |
| 联苯菊酯 | ≤5 |
| 氯氰菊酯 | ≤0.5 |
| 溴氰菊酯 | ≤5 |
| 甲胺磷 | ≤0.1 |
| 乙酰甲胺磷 | ≤0.1 |
| 乐 果 | ≤1 |
| 敌敌畏 | ≤0.1 |
| 杀螟硫磷 | ≤0.5 |
| 喹硫磷 | ≤0.2 |

表 6-2　2001 年 7 月 1 日后欧盟各国进口茶叶农药残留新标准

| 农 药 名 称 | 标　准（毫克/千克） | | | |
|---|---|---|---|---|
| | 欧盟 | 英国 | 荷兰 | 德国 |
| 乙酰甲胺磷 | 0.10 | 0.10 | 0.10 | 0.10 |
| 艾氏剂 | 0.02 | 0.02 | 0.02 | 0.02 |
| 联苯菊酯 | 5.0 | | | 0.05 |
| 乙基溴硫磷 | 0.10 | | | 0.10 |
| 溴螨酯 | 0.10 | | | 0.10 |
| 优乐得 | 0.02 | | | 0.02 |
| 毒死蜱 | 0.10 | | | 0.10 |
| 百树菊酯 | 0.10 | | | 0.10 |
| 氯氰菊酯 | 0.5 | | 0.10 | 20.00 |
| 滴滴涕 | 0.20 | 0.20 | 0.20 | 0.20 |
| 溴氰菊酯 | 5.00 | 5.00 | 5.00 | 5.00 |
| 敌敌畏 | 0.10 | | | 0.10 |
| 三氯杀螨醇 | 0.10* | | 5.00 | 0.20 |
| 乐 果 | 0.20 | 0.20 | 0.20 | 0.20 |
| 硫丹（赛丹） | 30.00 | 30.00 | 30.00 | 30.00 |
| 乙硫磷 | 2.00 | 2.00 | 2.00 | 2.00 |
| 杀螟硫磷 | 0.5 | 0.50 | | 0.05 |
| 甲氰菊酯 | 0.02 | | | 0.02 |
| 氰戊菊酯 | 0.10 | | 0.10 | 0.10 |
| 六六六 | 0.2 | | | 0.20 |
| 功夫菊酯 | 1.00 | 1.00 | 1.00 | 1.00 |
| 林 丹 | 0.20 | | | 0.20 |
| 马拉硫磷 | 0.5 | | | 0.05 |
| 甲胺磷 | 0.10 | 0.10 | 0.10 | 0.10 |

| 农 药 名 称 | 标　准（毫克/千克） | | | |
| --- | --- | --- | --- | --- |
| | 欧盟 | 英国 | 荷兰 | 德国 |
| 氧化乐果 | 0.10 | 0.10 | 0.10 | 0.10 |
| 甲基对硫磷（甲基 1605） | 0.10 | | | 0.10 |
| 氯菊酯 | 2.00 | | | 0.10 |
| 喹硫磷 | 0.10 | | 0.10 | 0.10 |
| 三唑磷 | 0.05 | | | 0.05 |

＊　暂执行 20 毫克/千克标准

## （四）结果判定

以上各项检验结果全部符合标准者,判为合格产品,凡在感官品质检验中有劣变、污染、异味、霉变或混有异种植物叶或卫生指标中有一项不符合技术要求的产品,判为不合格产品。

# 二、绿色食品茶

绿色食品茶的产品质量标准于 1995 年由农业部提出行业标准,标准编号为:NY/T288－1995。包括红茶和绿茶两大茶类的产品技术规格、感官品质要求、理化和卫生检验,检验判定原则和产品标志、包装、运输、贮存等有关内容。

## （一）产品定义与技术规格

### 1. 红　茶

红茶是指经绿色食品认证茶园上采摘的茶树新梢芽叶,经萎凋、揉捻、发酵、干燥工艺制成的初制茶,再经精制加工而成的成品茶,按其加工工艺可分为工夫红茶、红碎茶和小种红茶等 3 类。

工夫红茶因产地和茶树品种不同,品质的差异,分为滇红、祁红和川红等。各等级的感官品质特征参见表6-3,表6-4,表6-5。

表6-3　绿色食品滇红工夫茶感官品质特征

| 级别 | 外　形 | | 内　质 | | | |
|------|--------|--------|--------|--------|--------|--------|
| | 条　索 | 色　泽 | 香　气 | 滋　味 | 汤　色 | 叶　底 |
| 一级 | 肥嫩紧实锋苗好 | 乌　润金毫特多 | 嫩香浓郁 | 鲜浓醇富有收敛性 | 红艳明亮 | 柔嫩多芽红艳 |
| 二级 | 肥嫩紧实有锋苗 | 乌　润金毫较多 | 嫩　浓 | 鲜醇富有收敛性 | 红艳明亮 | 柔嫩红艳 |
| 三级 | 肥嫩紧实尚有锋苗 | 尚乌润金毫尚多 | 浓　纯 | 醇　厚有收敛性 | 红　亮 | 嫩匀红亮 |

表6-4　绿色食品祁门工夫红茶感官品质特征

| 级别 | 外　形 | | 内　质 | | | |
|------|--------|--------|--------|--------|--------|--------|
| | 条　索 | 色　泽 | 香　气 | 滋　味 | 汤　色 | 叶　底 |
| 特级 | 细嫩挺秀金毫显露 | 乌黑油润 | 高鲜嫩甜 | 鲜醇嫩甜 | 红艳明亮 | 红艳明亮细嫩显芽 |
| 一级 | 细紧露毫显锋苗 | 乌　润 | 鲜　甜 | 醇　厚 | 红　亮 | 红亮嫩匀 |
| 二级 | 细　紧 | 乌　润 | 鲜嫩甜 | 鲜醇甜 | 红　艳 | 红艳柔嫩有　芽 |

表 6-5　绿色食品川红工夫茶感官品质特征

| 级别 | 外形 | | 内质 | | | |
|---|---|---|---|---|---|---|
| | 条索 | 色泽 | 香气 | 滋味 | 汤色 | 叶底 |
| 一级 | 紧细多毫锋苗好 | 乌黑油润 | 鲜嫩浓郁 | 鲜浓鲜爽 | 红艳明亮 | 柔嫩多芽红艳 |
| 二级 | 紧细有毫有锋苗 | 乌黑匀嫩 | 嫩甜清香 | 醇厚甘爽 | 红艳 | 柔嫩有芽红亮 |
| 三级 | 紧细匀称 | 乌黑尚润 | 纯浓 | 醇和尚爽 | 红亮 | 嫩匀柔软红尚亮 |

表 6-6　绿色食品第一、第二套红碎茶感官品质特征

| 级别 | 外形 | | 内质 | | | |
|---|---|---|---|---|---|---|
| | 条索 | 色泽 | 香气 | 滋味 | 汤色 | 叶底 |
| 叶茶一号 | 条索紧卷 | 乌润毫尖显露 | 鲜爽 | 浓强 | 红艳 | 嫩匀红亮 |
| 叶茶二号 | 条索紧卷 | 尚润 | 尚鲜 | 醇厚 | 红亮 | 红匀尚亮 |
| 碎茶一号 | 颗粒紧实金毫显露 | 润 | 鲜爽强烈持久 | 浓强鲜爽 | 红艳明亮 | 嫩匀红亮 |
| 碎茶二号 | 颗粒细紧 | 润 | 香高鲜爽 | 浓强尚爽 | 红艳明亮 | 红匀嫩明亮 |
| 碎茶三号 | 颗粒紧结 | 润 | 鲜尚持久 | 鲜爽尚浓强 | 红亮 | 红匀嫩尚亮 |
| 片茶一号 | 片状皱褶 | 尚润 | 尚鲜 | 尚浓厚 | 红明 | 红匀明亮 |
| 片茶二号 | 片状皱褶 | 尚润 | 尚纯正 | 尚浓 | 尚红明 | 红匀尚明 |
| 末茶 | 细砂粒状重实 | 乌尚润 | 纯正 | 浓强 | 深红尚明 | 红匀尚亮 |

红碎茶,根据传统制法结合茶树品种产品质量情况,将全国红碎茶划分为 4 套标准样。其中一、二套样适用于大叶种地区;三、四套样适用于中、小叶种地区。4 套标准样红碎茶感官品质特征参见表 6-6,表 6-7。

表 6-7　绿色食品第三、第四套红碎茶感官品质特征

| 级别 | 外形 | | 内质 | | | |
|---|---|---|---|---|---|---|
| | 条索 | 色泽 | 香气 | 滋味 | 汤色 | 叶底 |
| 碎茶一号上档 | 颗粒紧细重实 | 乌润(棕润) | 高尚鲜 | 浓尚鲜 | 红亮 | 嫩匀红亮 |
| 碎茶一号中档 | 颗粒紧细较重实 | 乌或棕尚润 | 尚高略鲜 | 尚浓鲜 | 尚红亮 | 嫩匀尚红 |
| 碎茶二号上档 | 颗粒较紧重实 | 乌润或棕润 | 高鲜 | 浓鲜 | 红亮 | 嫩匀红亮 |
| 碎茶二号中档 | 颗粒较紧结重实 | 棕褐或黑褐尚润 | 尚高鲜 | 尚浓鲜 | 红尚亮 | 尚嫩匀红亮 |
| 碎茶三号上档 | 颗粒壮实 | 棕褐或黑褐尚润 | 尚高 | 尚浓 | 尚红明 | 红尚亮 |
| 片茶上档 | 皱褶片状匀齐 | 棕褐或黑褐尚润 | 纯正 | 醇和 | 尚红明 | 红匀 |
| 片茶中档 | 皱褶片状尚匀齐 | 棕褐或黑褐欠润 | 平正 | 平淡 | 尚红 | 尚红匀 |
| 末茶上档 | 细砂粒状匀齐 | 棕褐或黑褐尚润 | 尚高 | 浓强 | 红深尚亮 | 红匀匀亮 |

| 级别 | 外形 | | 内质 | | | |
|---|---|---|---|---|---|---|
| | 条索 | 色泽 | 香气 | 滋味 | 汤色 | 叶底 |
| 末茶中档 | 细砂粒状匀齐 | 棕褐或黑褐尚润 | 纯正 | 浓 | 红深尚明 | 红尚匀明 |

小种红茶,是在传统的红茶加工基础上经熏焙工序制成的条形红茶,产品具有松烟香特征。

**2. 绿 茶**

绿茶是指按绿色食品认证茶园上采摘的茶树新梢芽叶,经杀青、揉捻、干燥工艺制成的初制毛茶,再经加工整形而成的精制茶。

初制绿茶按杀青方法不同,分为炒青、烘青、晒青和蒸青。炒青茶的干茶由于形状不同又分为长炒青、圆炒青(珠茶)和扁炒青(龙井等)。长炒青、圆炒青(珠茶)、烘青、晒青的各等级感官品质特征参见表 6-8,表 6-9,表 6-10,表 6-11。

**表 6-8　绿色食品长炒青茶感官品质特征**

| 级别 | 外形 | | 内质 | | | |
|---|---|---|---|---|---|---|
| | 条索 | 色泽 | 香气 | 滋味 | 汤色 | 叶底 |
| 一级 | 紧细显锋苗 | 绿润 | 鲜嫩高爽 | 鲜爽 | 清绿明亮 | 柔嫩匀整嫩绿明亮 |
| 二级 | 紧实有锋苗 | 绿尚润 | 清高 | 浓醇 | 绿明亮 | 绿嫩明亮 |
| 三级 | 紧实 | 绿 | 清香 | 醇正 | 黄绿明亮 | 尚嫩黄绿明亮 |

表 6-9　绿色食品圆炒青茶感官品质特征

| 级别 | 外形 | | 内质 | | | |
|---|---|---|---|---|---|---|
| | 条索 | 色泽 | 香气 | 滋味 | 汤色 | 叶底 |
| 一级 | 细圆重实 | 深绿光润 | 香高持久 | 浓厚 | 清绿明亮 | 芽叶较完整 嫩绿明亮 |
| 二级 | 圆紧 | 绿润 | 高 | 浓醇 | 黄绿明亮 | 芽叶尚完整 黄绿明亮 |
| 三级 | 圆结 | 尚绿润 | 纯正 | 醇正 | 黄绿 尚明亮 | 尚嫩尚匀黄 绿尚明亮 |

表 6-10　绿色食品烘青茶感官品质特征

| 级别 | 外形 | | 内质 | | | |
|---|---|---|---|---|---|---|
| | 条索 | 色泽 | 香气 | 滋味 | 汤色 | 叶底 |
| 一级 | 细紧 显锋苗 | 绿润 | 嫩香 | 鲜醇 | 清绿明亮 | 匀整 嫩绿明亮 |
| 二级 | 细紧 有锋苗 | 尚绿润 | 清香 | 浓醇 | 黄绿明亮 | 尚嫩匀 黄绿明亮 |
| 三级 | 紧实 | 黄绿 | 纯正 | 醇正 | 黄绿 尚明亮 | 黄绿 尚明亮 |

表 6-11　绿色食品晒青茶感官品质特征

| 级别 | 外 形 | | 内 质 | | | |
|------|------|------|------|------|------|------|
| | 条 索 | 色 泽 | 香 气 | 滋 味 | 汤 色 | 叶 底 |
| 一级 | 紧 实<br>有锋苗 | 墨绿光润 | 清 香 | 浓 醇 | 黄绿明亮 | 柔嫩有芽<br>黄绿明亮 |
| 二级 | 紧 实<br>略有锋苗 | 墨绿尚润 | 清 纯 | 醇 正 | 黄 绿 | 柔嫩黄绿<br>尚明亮 |
| 三级 | 壮 实 | 深绿带褐 | 纯 正 | 醇 和 | 绿 黄 | 绿 黄<br>叶质尚软 |

　　精制绿茶(长炒青、圆炒青)根据初制原料,经加工后,按外形、色泽、香气和滋味的品质特征,分为珍眉、珠茶、秀眉、雨茶、贡熙和龙井等花色。各花色的感官品质特征参见表 6-12,表 6-13,表 6-14,表 6-15,表 6-16,表 6-17。

表 6-12　绿色食品珍眉茶感官品质特征

| 级别 | 外 形 | | 内 质 | | | |
|------|------|------|------|------|------|------|
| | 条 索 | 色 泽 | 香 气 | 滋 味 | 汤 色 | 叶 底 |
| 特珍特级 | 细 嫩<br>显锋苗 | 绿光润<br>起 霜 | 鲜嫩清高 | 鲜爽浓醇 | 嫩绿明亮 | 含芽嫩绿<br>明 亮 |
| 特珍一级 | 细 紧<br>有锋苗 | 绿润起霜 | 高香持久 | 鲜浓爽口 | 绿明亮 | 嫩 匀<br>嫩绿明亮 |
| 特珍二级 | 紧 结 | 尚绿润 | 尚 高 | 浓 醇 | 黄 绿<br>尚明亮 | 尚绿匀<br>黄绿明亮 |
| 珍眉一级 | 紧 实 | 尚绿润 | 尚 高 | 浓 醇 | 黄 绿<br>尚明亮 | 尚嫩匀<br>黄绿明亮 |
| 珍眉二级 | 尚紧实 | 黄 绿 | 纯 正 | 醇 和 | 黄 绿 | 尚匀黄绿 |

表 6-13　绿色食品珠茶感官品质特征

| 级别 | 外　形 | | 内　质 | | | |
|------|--------|--------|--------|--------|--------|--------|
| | 条　索 | 色　泽 | 香　气 | 滋　味 | 汤　色 | 叶　底 |
| 特级 | 细圆紧结<br>重　实 | 深绿光润<br>起　霜 | 香高持久 | 浓　厚 | 嫩绿明亮 | 芽叶完整<br>嫩绿明亮 |
| 一级 | 圆紧重实 | 绿润起霜 | 高 | 浓　醇 | 黄绿明亮 | 嫩　匀<br>黄绿明亮 |
| 二级 | 圆　结 | 尚绿润 | 尚　高 | 醇　正 | 黄绿尚明亮 | 尚嫩匀<br>黄绿明亮 |
| 三级 | 圆　实 | 黄　绿 | 纯　正 | 醇　和 | 绿　黄 | 黄　绿<br>尚明亮 |

表 6-14　绿色食品秀眉茶感官品质特征

| 级别 | 外　形 | | 内　质 | | | |
|------|--------|--------|--------|--------|--------|--------|
| | 条　索 | 色　泽 | 香　气 | 滋　味 | 汤　色 | 叶　底 |
| 特级 | 嫩茎细条 | 黄　绿 | 尚　高 | 浓尚醇 | 黄绿尚明亮 | 尚嫩匀<br>黄绿尚亮 |
| 一级 | 筋条带片 | 绿　黄 | 纯　正 | 浓带涩 | 黄　绿 | 绿黄尚匀 |

表 6-15　绿色食品雨茶感官品质特征

| 级别 | 外　形 | | 内　质 | | | |
|------|--------|--------|--------|--------|--------|--------|
| | 条　索 | 色　泽 | 香　气 | 滋　味 | 汤　色 | 叶　底 |
| 一级 | 紧结短钝<br>带蝌蚪型 | 绿　润 | 高 | 浓　厚 | 黄绿明亮 | 嫩　匀<br>黄绿明亮 |
| 二级 | 短钝稍松 | 绿　黄 | 平　正 | 平　和 | 绿黄稍暗 | 尚匀绿黄 |

表 6-16  绿色食品贡熙茶感官品质特征

| 级别 | 外形 | | 内质 | | | |
|---|---|---|---|---|---|---|
| | 条索 | 色泽 | 香气 | 滋味 | 汤色 | 叶底 |
| 特贡一级 | 圆结重实 | 绿润 | 高 | 浓爽 | 绿亮 | 嫩匀绿亮 |
| 特贡二级 | 圆整 | 绿尚润 | 尚高 | 醇厚 | 黄绿明亮 | 尚嫩匀 黄绿明亮 |
| 贡熙一级 | 圆实 | 黄绿 | 纯正 | 醇正 | 黄绿 | 黄绿尚明亮 |

表 6-17  绿色食品龙井茶感官品质特征

| 项目 | | 极品 | 特级 | 一级 | 二级 |
|---|---|---|---|---|---|
| 外形 | 条索 | 扁直光滑 挺秀尖削 匀齐尖削 | 扁直光滑 匀整 | 扁直匀净 | 扁直尚匀 |
| | 色泽 | 嫩绿油润 | 嫩绿匀润 | 浅绿尚匀 | 浅绿 |
| 内质 | 香气 | 鲜嫩清高 | 鲜嫩清香 | 嫩香 | 清香 |
| | 滋味 | 鲜嫩爽口 | 鲜醇浓 | 鲜醇 | 尚鲜 |
| | 叶底嫩度 | 细嫩多芽 | 细嫩显芽 | 尚嫩匀 | 尚嫩 |
| | 叶底色泽 | 嫩绿鲜亮 | 翠绿明亮 | 浅绿尚明 | 浅绿 |

## (二)产地环境与产品感官品质要求

第一,无论绿茶和红茶的原料产地环境,必须符合绿色食品产地的环境标准;

第二,具有绿茶、红茶各级正常商品茶的外形及固有的色、香、味品质特征,产品洁净、匀齐,不含外来杂物,无劣变,无异味。

### (三)理化和卫生检验

绿色食品茶的理化和卫生指标,主要包括两个方面:一是茶叶的常规成分,即水分、水浸出物、灰分、粗纤维及粉末;二是重金属与农药残留量,即铅、铜、六六六、DDT 的含量。如表6-18。

表 6-18　绿色食品茶的理化及卫生指标

| 项　　目 | 指　　标 |
|---|---|
| 水　分（%） | ≤6.5（工夫红茶、绿茶）、6.0（红碎茶） |
| 水浸出物（%） | ≥34 |
| 总灰分（%） | ≤6.5（红茶）、7.0（绿茶） |
| 水溶性灰分（占总灰分的百分率）（%） | ≥45 |
| 水溶性灰分碱度（以 KOH 计）（%） | 1.0～3.0 |
| 酸不溶性灰分（%） | ≤1.0 |
| 粗纤维（%） | ≤14 |
| 粉　末（%） | ≤1.0（工夫红茶、小种红茶、末茶、珍眉、珠茶、雨茶、贡熙）<br>≤2.0（叶茶、碎茶、片茶） |
| 铅（以 Pb 计）（毫克/千克） | ≤1 |
| 铜（以 Cu 计）（毫克/千克） | ≤15.0 |
| 六六六（毫克/千克） | ≤0.05 |
| DDT（毫克/千克） | ≤0.05 |

注:1. 表中铅(Pb)为 1995 年指标,目前正在制订新标准

2. 其他农药施用方式及其限量应符合 GB8321,GB4285 及中国绿色食品发展中心所订"生产绿色食品的农药使用准则"的规定

## (四)检验判别原则

绿色食品茶经感官品质审评和理化、卫生指标检验,其结果全部符合者为合格产品。否则,在该批次中抽取两份样品复验1次。若复验结果仍有一项不符合标准规定者,则判定该批产品属不合格产品。

## (五)产品的标志、包装、运输和贮存

### 1. 包装容器

应该由干燥、清洁、无异味以及不影响品质的材料制成;要牢固、密封、防潮,能保持茶的品质。

### 2. 标　　志

产品标签应符合《绿色食品标志设计标准手册》的规定。具体标注按 GB7718 执行。

### 3. 运　　输

运输工具必须清洁、干燥、无异味、无污染,运输中应防雨、防潮、防曝晒、防污染,严禁与有毒、有异味等损害茶品质的货物混装运输。

### 4. 贮　　存

产品应贮存于清洁、干燥、阴凉、通风、无异味的专用仓库。

# 三、有 机 茶

有机茶产品质量标准,目前还只有浙江省地方标准。该标准由中国农业科学院茶叶研究所、浙江省茶叶进出口公司、浙江省农业厅经济作物管理局、浙江省供销合作社联合社、浙江省质量技术监督局等单位联合起草,浙江省供销合作社联合

社提出,浙江省茶叶标准化技术委员会归口,由浙江省质量技术监督局发布,2000年3月28日起实施。有机商品茶质量标准代号为DB33/T266.3—2000,它与有机茶园标准(DB33/T266.1—2000)、鲜叶加工标准(DB33/T266.2—2000)、认证与管理标准(DB33/T266.4—2000)等共同组成浙江省有机茶系列地方标准(DB33/T266—2000)。

## (一)有机茶定义

有机商品茶是指经有机茶颁证机构颁证的有机茶园所采摘的鲜叶原料,按有机茶加工标准加工,经颁证机构检查合格,并颁发有机茶证书的茶叶产品。包括:

**1. 有机绿茶**

采自颁证的有机茶园鲜叶为原料,执行有机茶加工标准,经杀青、揉捻、干燥等工艺而制成的各种名优绿茶、炒青茶、烘青茶、蒸青茶及各种精制绿茶,并经颁证机构检查合格的产品。

**2. 有机红茶**

采自颁证的有机茶园鲜叶为原料,执行有机茶加工标准,经萎凋、揉捻(切)、发酵、干燥而制成的各种名优红茶、红碎茶、工夫红茶和精制红茶,并经颁证机构检查合格的产品。

**3. 有机花茶**

以颁证的有机茶和窨茶鲜花为原料,执行有机茶加工标准,按花茶加工工艺,进行茶坯加工,花茶窨制,筛分干燥后,并经颁证机构检查合格的产品。

## (二)规格要求

**1. 茶色等级**

各类茶叶按品质分下列花色和等级:

绿茶　珍　眉　　　　　特珍特级、一级、二级,珍眉一至

|     |         |                                      |
| --- | ------- | ------------------------------------ |
|     |         | 四级,共七级。                        |
|     | 贡　熙  | 特贡一级、二级,贡熙一至三级,<br>共五级。 |
|     | 珠　茶  | 特级、一至四级,共五级。              |
|     | 雨　茶  | 一级、二级,共二级。                  |
|     | 秀　眉  | 特级、一至三级,共四级。              |
|     | 龙　井  | 极品、特级、一至五级,共七级。        |
|     | 名优绿茶 | 特级、一至二级,共三级。              |
|     | 炒青、烘青 | 一至六级,共六级。                  |
| 红茶 | 工夫红茶 | 特级、一至七级,共八级。            |
|     | 红 碎 茶 | 叶茶、碎茶、片茶、末茶,共四个花<br>色。 |
|     | 名优红茶 | 特级、一至二级,共三级。              |
| 花茶 | 茉莉花茶 | 特级、一至六级,共七级。            |
|     | 其他花茶 | 以现行常规茶叶实物标准样进行<br>分级。 |

## 2. 基本要求

产品应具各类有机茶的自然品质特征,品质正常,无劣变,无异味;产品应洁净,不得含有非茶类夹杂物。

## 3. 实物样、感官审评

有机茶的实物标准样,感官品质特征及感官审评品质因子评分标准均执行相应的常规茶类现行国家标准、行业标准、地方标准或企业标准的有关规定。

## (三)有机茶的理化指标、卫生指标

有机茶的理化指标主要是指各类茶的水分、灰分、粉末及水浸出物的百分含量,卫生指标比较严格,除重金属铜、铅外,各种农药残留均不得检出。详见表 6-19,表 6-20。

表 6-19　各类有机茶理化指标

| 茶　类 | 品　　名 | 水分% | | 灰分 | 粉末 | 水浸出物 |
| | | 出厂 | 出口 | %≤ | %≤ | %≥ |
|---|---|---|---|---|---|---|
| 绿茶类 | 珍眉、贡熙、珠茶、雨茶 | 6.5 | 7.5 | 6.5 | 1.0 | 34.0 |
| | 龙井茶 | 6.5 | 7.5 | 6.5 | — | 34.0 |
| | 蒸　青 | 5.5 | 6.0 | 6.5 | — | 34.0 |
| | 秀　眉 | 7.0 | 8.0 | 7.0 | 1.5 | 34.0 |
| | 茶　片 | 7.0 | 8.0 | 7.0 | 2.5 | 34.0 |
| | 炒青、烘青 | 6.5 | 7.0 | 6.5 | 6.0 | 34.0 |
| 红茶类 | 工夫红茶、叶茶 | 6.5 | 7.5 | 6.5 | 2.0 | 34.0 |
| | 碎茶、片茶 | 6.0 | 7.0 | 6.5 | 2.0 | 34.0 |
| | 末　茶 | 6.0 | 7.0 | 7.0 | 2.5 | 34.0 |
| 花茶类 | 茉莉花茶及其他花茶 | 8.5 | 9.0 | 6.5 | 1.0 | 34.0 |
| 名特茶类 | 名特绿茶、名特红茶 | 6.5 | 7.5 | 6.5 | — | 34.0 |

表 6-20　各类有机茶的卫生指标

| 项　　目 | 指　　标 | 备　　注 |
|---|---|---|
| 铜(毫克/千克) | ≤30.0 | |
| 铅(毫克/千克) | ≤2.0 | |
| 各种农药残留量 | 均不得检出 | |

## (四)检验结果判定

第一,凡劣变、污染、异气味和卫生指标不合格的产品,均判为不合格产品,不得作为有机茶销售;

第二,感官品质按各类各级常规茶现行标准检验,在必检项目中有 1 项检验不合格者,判为不合格产品;

第三,凡在(二)花色等级规格要求中,有 1 项检验不合格,即判为不合格产品。

## (五)有机茶的标志、标签、包装、贮藏、运输、销售

### 1. 标 志

标志要醒目、整齐、规范、清晰、持久。其标志(包括图案和文字)只能在有机茶认证组织颁发有机证书的产品上并在证书限定的范围内使用。有机茶标志在产品包装标签上印刷,必须按正式发布的标志式样、颜色和比例制作,尺寸大小须按标准图样放大或缩小。外销产品出厂时均按顺序编制商标号(唛号)。商标号由生产单位代号、年号、花色等级代号、批号组成。商标号刷于外包。商标号纸加注件数净重,贴于箱盖或置于包装袋中。内销产品按 GB7718 规定执行。

### 2. 标 签

有机茶产品的包装标签必须按照 GB7718 规定执行。

### 3. 包 装

包装必须符合牢固、整洁、防潮、美观的要求。同批茶叶的包装、箱种、尺寸大小、包装材料、净重必须一致。胶合板箱或牛皮纸箱在箱外加外包装套。接触茶叶的包装材料必须符合食品卫生要求。所有包装材料必须不受化学杀菌剂、防腐剂、熏蒸剂、杀虫剂等物品的污染,防止引入二次污染。包装(大小包装)材料必须是食品级包装材料。直接接触有机茶产品的包装材料应具有防潮、阻氧等保鲜性能,无异味,并不得含有荧光染料污染。包装材料的生产及包装物的存放必须遵循不污染环境的原则。禁用聚氯乙烯(PVC)、混有氯氟碳化物(CFC)的膨化聚苯乙烯等作包装材料。对包装废弃物应及时清理、分类、进行无害化处理。推荐使用无菌包装、真空包装、充氮包装。包装上的油墨或标签,封签中使用的粘着剂、印油、墨水等

均须无毒。出口大包装每箱净重允许差数按国家规定数值执行。小包装称重允许差数按《定量包装商品计量监督规定》执行。包装必须符合 GB11680《食品包装原纸卫生标准》和 GB7718《食品标签通用标准》的规定。

## 4. 贮　藏

严格遵守《中华人民共和国食品卫生法》中关于食品贮藏的规定。禁止有机茶与化学合成物质接触,严禁有机茶与有毒、有害、有异味、易污染的物品接触。有机茶与常规茶必须分开贮藏,有条件的,应设专用仓库。仓库必须清洁、防潮、避光和无异味,保持通风干燥,周围环境要清洁卫生,远离污染源。贮藏有机茶,茶叶含水量必须符合要求。仓库内配备除湿机或其他除湿材料。用生石灰及其他材料防潮除湿时,要避免与茶叶直接接触,并定期更换。提倡低温、充氮或真空保存。入库有机茶标志和批号系统要清楚、醒目、持久,严禁受到污染、变质以及标签、商标号与货物不一致的茶叶进入仓库。不同批号、日期的产品要分别存放。建立严格的仓库管理档案,详细记载出入仓库的有机茶批号、数量和时间。保持仓库的清洁卫生,搞好防鼠、防虫、防霉工作。禁止在库内吸烟和随地吐痰,严禁使用化学合成的杀虫剂、防鼠剂及防霉剂。

## 5. 运　输

运输工具必须清洁卫生、干燥、无异味。严禁与有毒、有害、有异味、易污染的物品混放、混运。装运前必须进行有机茶的质量检查。在标签、批号和货物三者符合的情况下才能运输。填写运输清单,字迹要清楚,内容正确,项目齐全。运输包装必须牢固、整洁、防潮。在运输包装的两端应有明显的运输标志,内容包括:始发站和到达站名称,茶叶品名、重量、件数、批号系统、收货和发货单位地址等。运输过程中必须防雨、防曝晒。装卸时应轻装轻卸,防止碰撞。包装贮运图示标志必须符合 GB191 的规定。

# 四、有关微生物问题

虽然茶叶在加工过程中经过高温,在一般情况下不会孳生细菌和有害微生物,但如果加工以后或在运输途中管理不当,也会造成二次污染。目前茶叶产品质量的卫生标准并没有把有害微生物作为检测项目,但一般的饮料、果汁、酒类、蜂蜜以及果脯食品等都对有害微生物有明确指标限制。日常生产中茶叶是作为饮料来使用的,随着人们生活水平的提高,对卫生要求日趋严格,茶叶中有害微生物数量有可能在将来作为必检项目之一。为此,把饮料、酒类、酸牛乳、蜂蜜、果脯、酱腌菜等绿色食品的有害微生物允许标准列于表 6-21,以供参考。

表 6-21　部分绿色食品中有害微生物标准

| 项　目 | 橙汁饮料 | 啤　酒 | | 番石榴果汁 | 全脂加糖酸牛乳 | 咖啡粉 | 蜂　蜜 | 果脯类 | 酱腌菜 |
| --- | --- | --- | --- | --- | --- | --- | --- | --- | --- |
| | | 鲜啤 | 熟啤 | | | | | | |
| 细菌总数<br>(个/毫升) | ≤100 | — | ≤50 | ≤100 | | ≤500 | 散装≤1000<br>瓶装≤500 | ≤750 | — |
| 大肠菌群<br>(个/100 毫升) | ≤6 | ≤50 | ≤3 | ≤6 | ≤90 | ≤15 | ≤30 | ≤30 | ≤30 |
| 致病菌 | 不得检出 | — | — | 不得检出 | 不得检出 | 不得检出 | 不得检出 | 不得检出 | 不得检出 |

注:以上有害微生物标准录自李正明等编著《无公害安全食品生产技术》一书,中国轻工出版社,1999 年 3 月

# 第七章 无公害茶的认证与管理

近年来随着国内外茶叶市场竞争日趋激烈,茶叶质量的认证已越来越被人们所重视和采纳。虽然茶叶质量的认证并不是强制性的,但凡是作为有质量标志并有质量标准的无公害茶(包括绿色食品茶和有机茶)的认证是强制性的,只有通过认证,生产产品的质量才能得到保证,在消费者心目中才会有安全感,在市场上的购买率必定比没有经过认证的要高。欧美国家是食品质量认证较早的地区,在进口茶叶时,尤其是进口有机茶时必须以认证作为先决条件。因此,凡经过质量认证的茶叶,对出口极为有利。我国对茶叶生产及产品质量的认证起步较晚,对一般名优茶和大众茶虽有企业的质量标准,但都未采用认证措施加以保证,只有绿色食品茶和有机茶生产产品才有专门的机构加以认证。

## 一、绿色食品茶的认证

### (一)认证条件

凡具有绿色食品茶生产条件的单位和个人,出于自愿都可提出申请,要求对其茶叶生产条件和茶叶成品进行绿色食品茶的认证。

### (二)申报认证受理单位

中国绿色食品发展中心是受理绿色食品茶认证的惟一单位。该中心是专门负责组织实施全国绿色食品工程的机构,

1990 年开始筹备并积极开展工作,1992 年 11 月正式成立,隶属于农业部。

该中心的主要职能是制订发展绿色食品的方针、政策及规划;管理绿色食品商标标志;组织制订和完善绿色食品的各类标准;开展与绿色食品工程相配套的科技攻关、宣传、培训活动;组织或参加国内外相关的经济技术交流及合作;指导各省、自治区、直辖市[以下简称省(区、市)]绿色食品管理机构的工作;建议确定绿色食品生产示范基地;协调绿色食品营销网络;协调绿色食品环境与食品监测网的工作。

为了在全国更好地发展绿色食品,监督、检验各地绿色食品生产企业保证质量,该中心在全国设有委托管理机构,到目前为止各产茶省(区、市)基本上都有委托管理机构。

## (三)申请认证程序

申请认证程序如下:

第一,申请个人或申请单位的法人代表向中国绿色食品发展中心或所在省(区、市)绿色食品办公室提出口头或书面申请,并领取申请表格及有关资料。

第二,申请者按要求填写"绿色食品标志使用申请书"、"企业及生产情况调查表",并向所在省市绿色食品办公室呈交有关材料,如茶园基地生产条件、茶厂设备及生产情况、生产规章制度及操作规程、企业标准、产品名称及注册商标、茶厂工作人员卫生检查证、企业营业执照以及省级以上质量部门出具的当年茶叶质量检测报告等。

第三,所在省(区、市)绿色食品办公室收到有关资料后进行研究,确认申请者有生产绿色食品茶条件的,指派有关专家和工作人员赴申请单位对企业、茶叶原料产地进行调查,核实其申报情况及其茶叶生产全过程的质量控制情况,并写出正式调查报告。

第四,省(区、市)绿色食品办公室确定省内一家较权威的环境监测单位(通过省级以上计量认证),委托其对申请者茶园或茶叶生产基地及茶厂周边环境进行农业环境质量监测和评价,并将评价结果写成报告呈交该省、市绿色食品办公室。

第五,以上材料一式两份,由各省(区、市)绿色食品办公室初审后报送农业部中国绿色食品发展中心审核。

第六,由中国绿色食品发展中心组织有关单位进行初审,并由中国绿色食品发展中心通知申报材料合格的企业,接受指定的绿色食品监测中心对其茶叶产品进行质量、卫生检测,同时,申报的企业须按《绿色食品标志标准设计手册》要求,将带有绿色食品标志的包装方案报中国绿色食品发展中心审核。

第七,由中国绿色食品发展中心对申请企业及产品进行终审后,与符合绿色食品标准的产品生产企业签订《绿色食品标志使用协议书》,然后向企业颁发绿色食品标志使用证书,并通过一定媒体向社会发布通知。

第八,绿色食品标志使用证书有效期为3年。在此期间,绿色食品茶生产企业须接受中国绿色食品发展中心委托的监测机构对其产品进行抽检,并履行"绿色食品标志使用协议"。期满后若欲继续使用绿色食品标志,须于期满前半年办理重新申请手续。

### (四)绿色食品茶标志的使用和管理

### 1. 绿色食品茶标志图案及说明

凡经过认证的绿色食品茶叶,发给统一的绿色食品标志。

绿色食品标志由三部分构成,即上方的太阳、下方的叶片和中心的蓓蕾。标志为正圆形,意为保护。整个图形描绘了一

**图7-1    绿色食品标志图案**

幅明媚阳光照耀下的和谐生机,告诉人们绿色食品正是出自纯净、良好生态环境的安全无污染食品,能给人们带来蓬勃的生命力(图7-1)。绿色食品标志还提醒人们要保护环境,通过改善人与环境的关系,创造自然界新的和谐。

绿色食品标志作为一种特定的产品质量的证明商标,其商标专用权受《中华人民共和国商标法》保护。

**2. 绿色食品标志的使用**

绿色食品的质量保证,涉及国家利益,也涉及消费者的利益,全社会都应该从这个利益出发,加强对绿色食品的质量及标志正确使用的监督、管理。

根据农业部印发的《绿色食品标志管理办法》的规定,茶叶生产企业取得绿色食品标志使用权的产品,在使用绿色食品标志时应注意以下几点:

第一,绿色食品标志在茶叶上使用时,须严格按照《绿色食品标志设计标准手册》的规范要求正确设计,并经中国绿色食品发展中心审定。

第二,使用绿色食品标志的单位和个人须严格履行"绿色食品标志使用协议"。

第三,作为绿色食品茶生产企业,改变其生产条件、工艺、产品标准及注册商标前,须报经中国绿色食品发展中心批准。

第四,由于不可抗拒的因素暂时丧失绿色食品茶生产条件,生产者应在1个月内报告省、中国绿色食品发展中心两级绿色食品管理机构,暂时终止使用绿色食品标志,待条件恢复后,经中国绿色食品发展中心审核批准,方可恢复使用。

第五,绿色食品标志编号的使用权,以核准使用的产品为限。未经中国绿色食品发展中心批准,不得将绿色食品标志及其编号转让给其他单位或个人。

第六,绿色食品标志使用权自批准之日起3年有效。要求继续使用绿色食品标志的,须在有效期满前90天内重新申请,未重新申报的,视为自动放弃其使用权。

第七,使用绿色食品标志的单位和个人,在有效的使用期限内,应接受中国绿色食品发展中心指定的环保、食品监测部门对其使用标志的产品及生态环境进行抽检,抽检不合格的,撤销标志使用权,在本使用期限内,不再受理其申请。

第八,对侵犯标志商标专用权的,被侵权人可以根据《中华人民共和国商标法》向侵权人所在地的县级以上工商行政管理部门要求处理,也可以直接向人民法院起诉。

第九,绿色食品产品的包装、装潢应符合农业部《绿色食品标志设计标准手册》的要求,取得绿色食品标志使用资格的单位,应将绿色食品标志用于产品的内外包装,《手册》对绿色食品标志的标准图形、标准字体、图形与字体的规范组合、标准色、广告用语及用于食品系列化包装的标准图形、编号规范均作了严格规定。

《农业部"绿色食品"产品管理暂行办法》第四条规定,绿色食品产品出厂时,须印制专门的标签,其内容除必须符合国家GB7718-94标准外,还应标明主要原料产地的环境、产品的卫生及质量等主要指标。

**3. 绿色食品标志的管理**

绿色食品标志的管理分为法律管理、行政管理、消费者监督管理。

绿色食品标志是一种质量证明商标,使用时必须遵守《中华人民共和国商标法》的规定,一切假冒、伪造或使用与该标志近似的标志,均属违法行为,各级工商行政部门均有权依据有关法律和条例予以处罚。

中国绿色食品发展中心是代表国家管理绿色食品事业发展的惟一权力机构,并依照《绿色食品标志管理办法》对标志的申请、资格审查、标志颁发及使用等进行全面管理。各省(区、市)绿色食品办公室是受中国绿色食品发展中心委托的管理部门,履行由中国绿色食品发展中心划定的职责,并在各地政府的领导和支持下,直接为绿色食品企业服务。中国绿色食品发展中心在全国范围内设立的食品监测网,及各地绿色食品办公室委托的环保机构形成的监测网,对绿色食品生态环境及产品质量进行技术性监督管理。

# 二、有机茶的认证

## (一)认证条件

凡是具备有机茶生产、加工和销售条件的单位和个人,出于自愿都可以提出申请,要求对茶园生产基地、加工厂和销售店进行有机认证。

## (二)申报认证的受理单位

申报认证的受理认证单位,即认证机构,必须具备以下 4 个条件。

第一,必须是独立于生产者和贸易者的机构,亦称独立第三方。

第二,必须拥有一支既熟悉茶叶生产,又具备有机食品生产和管理知识的检查员队伍,必须具有对茶叶质量指标和卫生指标进行检测和管理的能力。

第三,有机茶认证工作必须符合有机认证规定的程序。

第四,认证机构必须是具有法人资格的单位,并在国家或省技术监督局备案。

目前国内有条件受理有机茶认证的单位有数家,如德国有机食品认证中心(BCS)设在湖南长沙的中国代理机构,瑞士生态农业研究所(IMO)设在江苏南京的中国代理机构,设在江苏南京的中国环保总局有机食品发展中心(OFDC),设在浙江杭州的中国农业科学院茶叶研究所有机茶研究与发展中心(OTRDC)等等,其中中国农业科学院茶叶研究所有机茶研究与发展中心(OTRDC)是专门从事有机茶研究和有机茶生产认证的单位,专门受理有机茶生产、加工、销售及有机茶生产资料的有机认证,认证后可发给证书和专门的有机茶标志。

## (三)认证程序

有机茶的认证是一个连续的过程,通常每年至少对有机茶种植、加工、贮藏、运输和贸易等过程进行 1 次认证审查,并进行不定期的不通知检查。这种审查过程不仅有利于监督生产者、加工者和贸易者是否完全按照有机茶标准的要求组织生产和加工及贸易,保证有机茶产品的质量,而且也有助于有机茶生产者、加工者和贸易者改进和完善管理,建立持续稳定的种植、加工和贸易体系。

有机茶认证检查需要涉及的环节包括:有机茶园的生态

环境、土壤和肥培管理、病虫草害治理、鲜叶采摘和运输、茶叶加工和包装过程、贮藏和运输以及产品销售过程等诸多的质量跟踪环节。因此,各有机颁证机构都规定了本机构有机茶认证的程序。现以中国农业科学院茶叶研究所有机茶研究与发展中心(OTRDC)为例,有机茶的有机认证大致可分口头或书面初步申请,基地取样预检,正式书面申请并填写调查表,初审并签订协议书,实地检查并编写调查报告,综合审查评估,颁证委员会审议,颁发有机证书等几个程序。

### 1. 口头或书面申请

生产者或生产单位认为自己的生产茶园、加工厂、销售点以及生产资料已具备有机颁证条件的,都可自愿向颁证机构以口头或书面的形式提出申请。

### 2. 颁证机构受理

申请者得到认证机构同意后,申请者在选定茶园或基地中,自行多点采样预检。样品采集要求具有代表性,其中土壤样品要求采集 0~40 厘米土层的上、中、下 3 点检测 6 种重金属元素。茶叶样品则要求采集当季成茶或当季 1 芽 3 叶新梢,主要检测卫生指标,如铜、铅及 10 种农药残留等。

### 3. 提出正式申请,填写调查表

茶叶和土壤检测结果如符合有机茶生产标准的申请者,向认证机构提出正式申请,索取申请表。调查表包括:茶场基本情况调查表、茶叶加工厂基本情况调查表和有机茶贸易/批发基本情况调查表等。

茶场基本情况调查表内容包括:茶场基本情况,茶园管理,病、虫、草害防治,鲜叶采摘、运输等。

茶叶加工厂基本情况调查表内容包括:工厂基本情况,鲜叶原料情况,生产设备,车间设备位置图,生产工艺流程图,卫生管理,害虫的防治,质量控制,有机茶跟踪审查系统,产品标识,贮藏等。

有机茶贸易/批发基本情况调查表内容包括:贸易/批发公司基本情况,有机茶来源情况,有机茶运输和贮藏,有机茶叶处理情况,有机茶跟踪审查系统,产品标识等。

### 4. 初步审查、签订协议书

申请人将填写好的调查表返回给认证机构。认证机构对返回的调查表进行初步审查,若没有发现明显违背有机茶标准的情况,将与申请人签订颁证审查协议书。认证机构将派出检查员,对申请者的茶园、茶叶加工厂和贸易情况进行实地检查。

### 5. 实地检查

协议一旦生效,认证机构派出检查员,对申请者所申请的内容进行实地检查,以评估其是否达到颁证标准。同时还要现场采集土壤样品和茶叶样品进行复检。检查必须在生产季节进行。对茶园的检查面积不得少于申请颁证面积的1/3。这是常规的颁证检查。为了防止违背有机茶种植和加工的行为,保证产品符合有机茶质量标准的要求,保护消费者的利益,有时还进行不通知检查,也就是通常所称的飞行检查。

申请者在递交调查表或在接受检查时,应全面地向认证机构提供相关的证明材料。这些证明材料对于颁证委员会在确认生产者、加工者、经营者是否按照本标准进行生产和加工,并决定对产品是否予以颁证是非常重要的。这些材料包括茶树生长、产量、投入物的用量和日期,投入物的使用方法、病虫害管理、修剪、采摘记录等;加工和销售记录、产品批号、入出库记录、运输记录等;土壤、鲜叶、商品茶分析记录等。此外,申请者还应提供公司简介、企业法人营业执照、商标注册证明、生产加工卫生许可证及从业人员健康证、产品标准、标明企业所在地位置的行政区域图以及茶园地块分布图、加工厂车间平面图及设备布置图等。

**6. 编写检查报告**

检查员实地检查后,编写茶园检查报告、茶叶加工厂检查报告和茶叶贸易有机认证检查报告。这些报告将作为有机茶中心综合评估和颁证委员会审议的重要材料。

**7. 综合审查评估**

有机茶中心根据检查员的检查报告、相关检测报告和申请者提供的有关材料,并对照 OTRDC 有机茶颁证标准,编制颁证评估表,综合审查认为申请者符合 OTRDC 有机颁证的最低要求,则提交颁证委员会审议。同时核定颁证面积的产量,提出改进建议。

**8. 颁证委员会审议**

颁证委员会由茶叶科技、生产、管理和有机茶标准的专家组成,与颁证产品的生产和销售单位没有直接或间接经济效益关系。

颁证委员会针对检查员的报告、相关的调查表和证明材料,评价申请者是否符合本标准,作出同意颁证、有条件颁证、拒绝颁证和有机转换颁证的决定。

(1)同意颁证 如果申请者完全符合本标准,将获得有机茶园/茶厂/经营者证书和标志。

(2)有条件颁证 如果申请者能基本达到本标准,但有必要作若干改进时,在收到申请者对要求改进之处的书面承诺以后,可以获得有机茶园/茶厂/经营者证书

(3)拒绝颁证 申请者如达不到本标准,颁证委员会将拒绝颁证,并向申请者提出转化的建议。

（4）有机转换颁证　　如果申请者的茶园前3年曾经使用过禁用物质,但在1年前就开始按照有机生产要求进行转换,并且计划一直按照有机方式进行生产,则可颁发有机转换茶园证书。从有机茶转换茶园收获的鲜叶,按照有机方式进行加工,可作为有机转换产品,即"准有机茶"进行销售。

### 9. 颁发证书

根据颁证委员会决议,对获证单位颁发证书。全套证书包括:有机茶原料生产证书,有机茶加工证书,有机茶销售商证书,有机茶销售证书(样本)和标志准用证共5个。其中有机茶销售证书是在已明确买卖双方以及交易数量后来颁证机构开具。

获证单位在获取证书之前,需对检查报告进行核实盖章,对有条件颁证者要对改进意见作出书面承诺。

根据《有机茶标志管理章程》,证书有效期为1年,第二年及以后每年必须重新履行申请和检查等手续。

### (四)有机茶标志的使用与管理

### 1. 有机茶标志图案及说明

茶园、茶厂、茶叶销售店凡通过有机认证后,就有权获得有机茶标志的使用权,因此对上述单位发给有机茶证书的同时也发给有机茶标志。它是用来证明茶叶的生产、加工、贮藏、运输、销售等过程符合有机过程的专用标志,可以和茶叶商标同时使用。

图案由地球和茶树芽叶组成。地球为绿色,意指通过生态农业、有机农业等方式生产,保护地球常绿,不受农业污染物侵害;茶树芽叶为白色,意指未受污染、高品质的茶叶及茶制品(图7-2)。

图 7-2　有机茶标志图案

**2. 有机茶标志的使用**

有机茶证书是许可使用有机茶标志的惟一法定证明文件,有效期1年。有机茶证书持有人(以下简称证书持有人)有权在有机茶的标签、包装、广告、说明书上使用有机茶标志。有机茶标志图形式样由中国农业科学院茶叶研究所有机茶研究与发展中心(OTRDC)统一制作、提供。证书持有人使用有机茶标志时,可根据需要等比例放大或缩小,但不得变形、变色。使用有机茶标志时,应在标志图形的下方同时标印该产品的证书号码。证书持有人只能在证书所列产品上使用有机茶标志,不得扩大使用范围。不得将标志的使用权转让他人。有机茶证书在有效期满后需要继续使用标志的,应在期满前3个月内重新提出申请,OTRDC应在期满前给予正式书面签复。有机茶证书有效期满后未重新提出申请的,不得继续使用有机茶标志。在有机茶证书有效期内,有下列情况之一的,应当提出变更申请:①证书持有人变更的;②产品类型(规格)变更的;③产品名称变更的;④使用新的商标的。

OTRDC应当对有机茶标志的使用和产品质量情况进行追踪审查,监督证书持有人正确和合法地使用标志。对不符合有机茶认证标准的产品,撤销其有机茶证书。证书持有人应接受OTRDC的监督和审查,按OTRDC的要求建立档案,报送生产、加工和销售的资料。

### 3. 有机茶标志管理

为做好有机茶标志的授予、使用和管理工作,保证有机茶标志产品的质量,维护有机茶生产者、加工者、销售者和消费者的合法权益,根据《中华人民共和国产品质量法》、《中华人民共和国产品质量认证管理条例》、《中华人民共和国环境保护法》和《中华人民共和国食品卫生法》,OTRDC 特制订了《有机茶标志管理章程》,章程共分总则、申请、审查、批准、使用、监督、申诉罚则和附则等 6 章 29 条。无论是对标志的使用申请、审查、批准、使用、监督、撤销、处罚、费用等都要按《有机茶标志管理章程》规定行事。

# 三、有机肥料/生物农药等生产<br>资料的有机认证

根据有机农业的基本原则,要求在有机农业系统中尽可能地利用当地农业系统中的可再生资源;尽可能在一个有机质和养分封闭的系统内进行生产;尽可能地利用可以再利用或再循环的材料和物质;尽可能使由于农业活动造成的各种形式的污染减少到最低等等。因此,在有机茶生产过程中,对于外来投入物有机肥料/生物农药等生产资料的使用必须慎重,作为商品化的有机肥料/生物农药等生产资料必须获得有机认证。

## (一)AA 级绿色食品茶和有机茶专用有机肥料

### 1. 专用有机肥料认证标准

AA 级绿色食品茶园和有机茶园中使用肥料的原则是对环境和茶叶品质不造成不良后果,同时应截断一切因施肥而携入的重金属和污染物的污染源。因此,有机肥料认证标准的

原则为:不得混入人工合成的化学肥料;为防止有机污染物的带入,有机肥料生产的原料来源清楚,并经无害化处理;严格控制有机肥料中六六六、DDT 等农药残留量;严格控制有机肥料中重金属污染物的含量。有机肥料中农药残留及重金属的控制指标为(毫克/千克):六六六≤0.2;DDT≤0.2;镉≤0.2;汞≤0.15;砷≤25;铅≤50;铬≤90;铜≤50。

**2. 认证机构**

AA 级绿色食品茶专用肥统一由中国绿色食品发展中心组织认证。有机茶专用肥可委托各地有机认证机构进行认证。

**3. 认证程序**

(1)成品及原料预检　检测项目主要有农药残留和重金属元素,检测合格方可申请。

(2)申请、填表　申请表主要包括:生产许可证,配料及来源,生产流程及技术来源,生产能力及产品包装。生产资料企业基本情况表包括:企业基本情况,申请认证的产品情况(产品主要成分、原料与配比、生产工艺、产品包装等),原料情况(来源、运输、处理等),生产设备,车间设备布置图,卫生管理,质量控制,产品质量跟踪系统,产品标识和贮藏等。

(3)初审、签订协议书

(4)检查员实地检查

(5)编写检查报告

(6)综合审查评估

(7)颁证委员会审议

(8)颁发证书

**(二)AA 级绿色食品和有机茶专用生物农药**

**1. 专用生物农药认证标准**

原则:产品对茶园中病、虫害防治有效,并经国家有关部门登记,持有三证产品,生产原料来源清楚,不含人工合成的化学农药,活性物为天然产物提取物或发酵产物;严格控制污染物含量。

**2. 认证机构**

参照有机肥料认证机构。

**3. 认证程序**

参照有机肥料认证程序。

# 四、常规茶园的转换

## (一)转换茶园

常规生产的茶园,若环境质量和土壤质量基本符合一般无公害茶园、绿色食品茶园和有机茶园质量标准的,要经过1～3年的无公害的过渡转换,在过渡的转换期间通过一定的生态建设和栽培管理,使原常规茶园各项质量技术指标都达到了各级无公害茶园质量技术指标后,通过有关认证机构认证或有关部门认可,才可生产无公害茶。在转换过渡期内的茶园称为转换茶园,如处于有机转换期内的茶园称有机转换茶园等等。

## (二)转换技术

### 1. 改善茶园生态环境

如果原常规茶园所在地四周生态条件较差,缺少林木的,应按各级无公害茶园技术标准,人工植树造林,尤其是坡地茶园,山顶上必须恢复林带,改善生态,防止水土流失,周边原有的森林要严加保护,不得随意砍伐。离公路、居民点及农田较近的茶园,要营造林木隔离带和防护林带,防止茶园受外来污染。原茶园各级道路网没有行道树的,必须恢复和种植行道树。茶园周边的零星地块,沟边、路边、坎边、梯边、塘边等要种草或种豆科绿肥,如紫穗槐、大叶胡枝子、葛藤、木豆、爬地兰、知风草、日本草(黄花茸草)等等,一方面起到护边的作用,另一方面可为茶园提供草源和肥源。原常规茶园已倒塌的路、沟、梯、坎等要修复,没有路、沟的要因地制宜地进行复建,使茶园有路可走,有水可排(蓄),土不下山,根不露地。

**2. 改造树冠,修复园相**

成龄常规茶园在无公害转换期间要进行各种形式的修剪,一方面减少原农药、化肥对茶树的影响,另一方面以此进一步恢复树势投入无公害茶生产。年轻、长势较旺盛的茶园,可采用春茶后轻修剪,剪去树冠上 5～10 厘米的不整齐生长枝,夏茶打顶养蓬,秋茶开采。长势较差、年龄较大的茶园,可采用春茶后深修剪,剪去茶树 10～20 厘米的"鸡爪枝",留夏茶,秋茶打顶养蓬,第二年采春茶。

荒芜和衰老茶园在无公害转换期间要进行树冠改造,恢复树势才能进行无公害茶生产。一般失管荒芜和一般衰老的茶园,可采用春茶后的重修剪,剪去树冠 30～40 厘米以上的枝条,夏秋茶留养,第二年春茶打顶养蓬或轻采,夏秋茶投采。如严重荒芜和严重衰老的茶园可采用春茶后台刈,待蓬面留养好后再进行无公害茶生产。

幼龄茶园在无公害转换期间对苗数进行全面检查,发现有缺株断垄的要及时采用同样品种的苗木进行补缺,保证以后有足够的株数和良好的园相。

**3. 改良土壤,提高肥力**

土是茶树立地之本,在无公害转换期间,必须按各级无公害茶园技术要求管理好土壤,提高基础肥力,保持可持续生产的能力。其具体要求如下：

其一，行间铺草覆盖，防止水土流失，抑制杂草生长，改善土壤理化性状和土壤环境，培殖土壤生物，增加土壤有机质和生物活性，每667平方米铺草不得少于1000千克。

其二，1～3年生幼龄茶园以及经台刈或重修剪更新改造的茶园，在行间要因地制宜种植绿肥，培肥土壤。

其三，茶季要精耕细作，勤除杂草，浅耕与追肥相结合，深耕与基肥相结合。

其四，对土壤肥沃松软、无杂草、树冠覆盖率高的茶园，可实行减耕或免耕。

其五，提倡利用生物（如蚯蚓）来改善土壤结构，疏松土层和提高土壤肥力。

其六，没有病、虫害的茶树修剪物应直接返回茶园，以作土壤覆盖物。在病、虫害发生严重的地块，采用修剪枝干烧灰还田方法，要防止盲目放火烧灰还田。

其七，严禁使用或限制使用化学合成的除草剂、增效剂和土壤改良剂，可施用生物改良剂、生物菌肥等。

其八，对pH值低于4.5的茶园，要采用白云石粉改良，每667平方米施15～30千克，行间撒施，翻入行间土壤。

### 4. 按准则施肥

常规生产的茶园在进行无公害的转换期间，必须严格把好施肥关，严格按各级无公害茶园施肥准则进行施肥；凡转换成一般无公害茶园的，要按一般无公害茶园施肥准则进行施肥，如转换成绿色食品茶园的，要按绿色食品茶施肥准则进行施肥；如转换成有机茶园的，则必须按有机茶园施肥准则进行施肥。

### 5. 有效控制病、虫害

有效控制病、虫害是无公害茶生产的关键所在,在常规茶转换各级无公害茶时必须严格按各级无公害茶生产技术要求实施,在无论转换成哪一级无公害茶园,首先必须禁止施用或限制施用化学合成的农药。优先采用农艺措施,通过耕作、排水、修剪、施肥、采摘、覆盖等方法预防和控制病、虫的严重发生。同时要加强茶园生态建设,保护生态环境,保持茶园生物多样化,维持茶园生态平衡。保护和利用天敌资源,提高自然生物的防治能力。另外,还应适当采用物理防治措施。如果是病、虫多的茶园和发生季节,可有条件地采用植物源和矿物源的农药。

### 6. 严格把好采摘关

常规生产的茶园在转换成各级无公害茶园时,要严格把好采摘关,采摘时,要做到以下几点。

其一,根据茶树生长特性,遵循采留结合、量质兼顾和因园制宜的采摘原则,搞好留叶采、标准采和适时采等合理采摘的技术环节。这样既可提高茶叶产量,又能改进品质,还能延长茶树的经济寿命,保证茶叶可持续生产。

其二,手工采茶提倡双手采、提手采,保持鲜叶芽叶完整、鲜嫩、匀净,不带蒂头、茶果和老枝叶。严禁捋采与抓采,保证鲜叶质量和茶树正常生长。

其三,机械采茶,要求操作人员技术熟练,根据树高、树势及茶类要求合理掌握,保证采茶质量;采茶机械动力必须使用无铅汽油,防止汽油、机油污染茶园土壤和茶树。

其四,盛装鲜叶的器具,应采用清洁、通风性能好的竹编网眼茶篮或篓筐,不得使用布袋、塑料袋等软包装材料。

其五,在鲜叶盛装与贮运过程中应注意轻放、轻压、薄摊、勤翻等，以减少机械损伤。切忌紧压、日晒、雨淋，避免鲜叶升温变质，影响产品质量，避免鲜叶贮运污染。

## （三）认　证

常规茶园转换成无公害茶园的转换期内，一般无公害转换茶园因转换期比较短，勿需认证，绿色食品茶园及有机转换茶园可向相应的认证机构申报进行认证，但绿色食品转换茶园一般不颁发转换茶园证书，而有机转换茶园则颁发"有机转换茶园证书"。

有机转换茶园颁证是：申请者的茶园前3年曾施用过化学肥料和化学农药及其他化学合成物的，但自上年入冬前就开始按照有机生产要求进行转换生产和管理，并且计划一直按照有机方式进行生产，经认证则颁发"有机转换茶园证书"。从有机转换茶园中收获的鲜叶，按照有机方式进行加工的成茶可作为有机转换产品，即称"准有机茶"，可以进行销售。有机转换茶园在转换期结束后，各项技术指标都达到有机茶标准的，经认证可颁发"有机茶"证书。

# 编　后　记

　　由于现代工业的快速发展,带来的工业"三废"大量排放以及农业生产中的化肥、农药大量施用,导致农业环境严重污染,生态系统遭到一定程度的破坏,人类生存环境日益恶化,环境保护问题已引起全人类的关注。

　　茶被人们视为健康饮料,然而,近几年来由于大气环境的污染和部分茶园滥用化学农药和化学肥料,导致茶叶中化学农药残留和重金属的超标也时有发生,影响我国茶叶出口的声誉、茶叶的经济效益和茶农的收益。因此,如何从茶叶生产的源头上控制污染的发生,提供卫生而安全的饮料,已成为全体茶叶工作者的共同任务。为此,我们在调查研究的基础上,通过国内外有关文献资料的综合、整理与对比、分析,提出了无公害茶生产的一些建议、对策和措施,尽力为促进我国无公害茶生产的发展贡献一份力量。本书第一、二章及第三章之七,由陈宗懋研究员编写;第三章之一至六及第七章,由吴洵研究员编写;第四、五、六章由俞永明研究员编写。照片,由俞永明、吴洵、殷坤山提供。

　　由于我们水平有限,收集资料不多,时间匆促,书中错误在所难免,敬请广大读者批评指正。

编著者

2001 年 12 月